U0205637

编审委员会

FENGXIAN YINGJI GUANLI

风险应急管理

韩娇 主编 李慧 柯钊跃 副主编

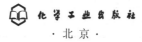

化学工业出版社

·北京·

本书共六章，以风险应急管理相关的法律、法规、标准、文件为依据和框架，结合风险应急管理理论和实践，整合"环境"与"安全"专业大类，围绕突发环境污染事故、生产安全事故应急管理的全生命周期，系统阐述应急体系的建立、风险评估的实施、应急预案的编制，以及应急响应、应急监测、应急处置和应急演练的有效开展。

本书理论介绍深入浅出、系统全面，基于应急管理工作过程进行编写，是高等学校和高职院校环保和安全相关专业的教材，也可供环境科学与工程、安全工程、市政工程和水利工程等领域相关专业科研人员、工程技术人员及政府相关部门管理人员参考。

图书在版编目（CIP）数据

风险应急管理/韩娇主编. —北京：化学工业出版社，2017.8
ISBN 978-7-122-30183-3

Ⅰ.①风…　Ⅱ.①韩…　Ⅲ.①环境保护-研究
Ⅳ.①X

中国版本图书馆 CIP 数据核字（2017）第 165374 号

责任编辑：王文峡　　　　　　文字编辑：李　曦
责任校对：王　静　　　　　　装帧设计：王晓宇

出版发行：化学工业出版社
　　　　　（北京市东城区青年湖南街 13 号　邮政编码 100011）
印　　装：北京云浩印刷有限责任公司
850mm×1168mm　1/32　印张 8¾　字数 228 千字
2017 年 9 月北京第 1 版第 1 次印刷

购书咨询：010-64518888（传真：010-64519686）　售后服务：010-64518899
网　　址：http://www.cip.com.cn
凡购买本书，如有缺损质量问题，本社销售中心负责调换。

定　　价：30.00 元　　　　　　　　　　　版权所有　违者必究

前言
Foreword

当前,我国正处于工业化和城市化快速发展期,由于粗放型的经济增长方式,造成环境污染问题比较严重,安全生产基础也很薄弱,导致环境污染事故及安全生产事故频发,给社会生产、生活秩序和人身财产安全造成了严重的影响。面对严峻的环境污染及安全生产形势,必须加强环境应急及安全应急管理,建立应急管理体系,多方位、全过程地开展应急管理工作。

本书基于风险应急管理工作过程,以实际岗位知识技能需求为导向,整合"环境"、"安全"应急管理体系,全过程阐述应急管理体系的建立与运行。本书内容包括:第一章,认识应急管理;第二章,应急管理体系构建;第三章,危险源辨识与风险评估;第四章,应急响应、应急监测与应急处置;第五章,应急教育、培训和演练;第六章,应急预案编制。通过学习第一章和第二章可初步认识应急管理和应急管理体系,在此基础上开展准备状态的危险源辨识和风险评估,进而实施应急状态的响应、监测和处置,开展教育、培训和演练的预防工作,通过应急预案的编制实现应急管理综合能力的培养。本书整体内容的安排体现"预防、准备、响应、恢复"的全过程应急管理。本书是高等学校和高职院校环保和安全相关专业的教材,也可供从事相关工作的人员参考。

本书由广东环境保护工程职业学院韩娇任主编,负责第一、二、五章和第三章部分内容的编写,以及全书的统稿和校对;广东省环境监测中心柯钊跃任副主编,负责第四章应急监测的编写及全书的统稿和校对；广东环境保护工程职业学院李慧任副主编，负责第六章及第三章部分内容的编写；浙江省台州市环科监理有限公司章佩丽负责第四章应急响应部分的编写；广东省佛山市环境保护局梁启麟负责第四章应急处置部分的编写，并对全书的编写提供了大量宝贵的建议；广东环境保护工程职业学院何秀玲负责第三章部分内容的编写。在此对编写组各位成员的辛勤付出致以诚挚的谢意。

本书在编写过程中，参考和引用了国内外专家、学者的部分研究成果，在此深表谢意。

由于应急管理学科特有的综合性、复杂性和发展性，加之成书仓促、编写组水平有限，书中可能存在不足之处，恳请广大读者批评指正，多提宝贵的意见和建议，以便今后修订中补充完善。

编者
2017 年 5 月

目 录
CONTENTS

第一章 认识应急管理

在全面建设小康社会、构建社会主义和谐社会的进程中，会不可避免地遇到各种各样的突发公共事件。如何及时有效地应对各种突发公共事件，尽可能地预防和减少突发公共事件、降低负面影响，对于更好地保障人民群众的生命财产安全、维护社会秩序和社会稳定，促进经济社会的全面、协调、可持续发展，都有着十分重要的现实意义。

第一节
突发公共事件应急管理

从世界范围看，无论是发达国家，还是发展中国家，各种公共事件时有发生，近几年尤为突出。地震、山体滑坡、台风等自然灾害，煤矿瓦斯爆炸、危险化学品泄漏、火灾、道路交通事故、海啸、大规模停电等事故灾难，人感染高致病性禽流感（如"非典"）、重大食物中毒和职业中毒等严重影响公众健康的公共卫生事件，恐怖袭击、重大刑事案件、涉外突发事件、经济安全以及规模较大的群体事件等，不仅给各国人民生命财产和经济发展造成重大损失，而且还危害到国家安全和社会稳定。突如其来的突发公共事件考验着各国政府应急处理能力，使得突发公共事件的应急管理成为各国政府关注的重点问题。

一、突发公共事件特征、分类和分级

突发公共事件，又称突发事件，是指突然发生，造成或者可能

造成重大人员伤亡、财产损失、生态环境破坏和严重社会危害，危及公共安全的紧急事件。1997 年亚洲金融危机、1998 年夏天中国的大洪水、2001 年美国发生的"9·11"事件、2003 年春天发生的 SARS 事件、2003 年 12 月 23 日四川开县井喷事故、2005 年中石油吉化分公司"11·13"特大爆炸事故等，都是突发公共事件。

1. 突发公共事件的特征

（1）不确定性

即事件发生的时间、形态和后果往往无规则，难以准确预测。许多突发公共事件，如各种火灾、爆炸、中毒等事故灾难等，人们还难以准确预测其在什么时候，在什么地方，以什么样的形式发生。

（2）紧急性

即事件的发生突如其来或者只有短时预兆，必须立即采取紧急措施加以处置和控制，否则将会造成更大的危害和损失。

（3）威胁性

即事件的发生威胁到公众的生命财产、社会秩序和公共安全，具有公共危害性。

2. 突发公共事件的分类

通常，根据突发公共事件的发生过程、性质和机理，突发公共事件主要分为以下四类。

（1）自然灾害

自然灾害指由于自然原因而导致的事件，主要包括水旱灾害、气象灾害、地震灾害、地质灾害、海洋灾害、生物灾害和森林草原火灾等。

（2）事故灾难

事故灾难指由于人类活动或者人类发展所导致的计划之外的事件或事故，主要包括工矿商贸等企业的各类安全事故、交通运输事故、公共设施和设备事故、环境污染和生态破坏事件等。

（3）公共卫生事件

公共卫生事件指由病菌病毒引起的大面积的疾病流行等事件，主要包括传染病疫情、群体性不明原因疾病、食品安全和职业危害、动物疫情，以及其他严重影响公众健康和生命安全的事件。

（4）社会安全事件

社会安全事件指由人们主观意愿产生，会危及社会安全的事件，主要包括恐怖袭击事件、经济安全事件和涉外突发事件等。

在突发公共事件分类的基础上，还应进行突发公共事件的分级。根据《国家突发公共事件总体应急预案》，各类突发公共事件按照其性质、严重程度、可控性和影响范围等因素，一般分为四级：Ⅰ级（特别重大），Ⅱ级（重大），Ⅲ级（较大），Ⅳ级（一般）。

同时，《国家突发公共事件总体应急预案》规定：各地区、各部门要针对各种可能发生的突发公共事件，完善预测预警机制，建立预案预警系统，开展风险分析，做到早发现、早报告、早处置。根据预测分析结果，对可能发生和可以预警的突发公共事件进行预警。依据突发公共事件可能造成的危害程度、紧急程度和发展态势，预警级别一般划分为四级：Ⅰ级（特别重大），Ⅱ级（重大），Ⅲ级（较大），Ⅳ级（一般），依次用红色、橙色、黄色和蓝色表示。

突发公共事件的分级与公共事件的预警分级有密切联系，但又不是一回事。有时发出特别严重（红色）预警，而实际发生的都是较大突发事件（Ⅲ级）。因此，在突发公共事件预警期间，预警级别在不断进行调整，我们应随时关注事件预警的变化，采取相应的对策和措施。

二、突发公共事件应急管理的内涵和原则

应急管理作为一门新兴的学科，目前还没有一个公认的标准定义。结合突发公共事件特点和实际，突发公共事件应急管理应强调

对潜在突发公共事件实施全过程的管理，即由预防、准备、响应和恢复四个阶段组成，如图 1-1 所示，使突发公共事件应急管理工作贯穿于各个过程，并充分体现"预防为主、常备不懈"的应急理念。

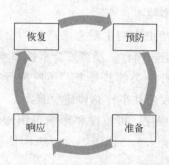

图 1-1　突发公共事件应急管理四个阶段

一般而言，突发公共事件应急管理的四个阶段并没有严格的界限，且往往是交叉的，但每一阶段都有自己明确的目标，而且每一阶段又是构筑在前一阶段的基础之上，因而预防、准备、响应和恢复相互关联，构成了突发公共事件应急管理工作一个动态的循环改进过程。

1. 预防

预防又称缓解、减少，是指在突发公共事件发生之前，为了消除突发公共事件发生的几率或者为了减轻突发公共事件可能造成的损害所做的各种预防性工作。

在突发公共事件应急管理中，预防有两层含义：一是突发公共事件的预防工作，通过管理和技术等手段，尽可能地预防突发公共事件的发生；二是在假设突发公共事件必然发生的前提下，通过预先采取一定的预防措施，达到减低或减缓其影响后果的严重程度。

2. 准备

准备是应急管理过程中一个极其关键的过程。是指针对特定的或者潜在的突发公共事件，为迅速、有序地开展应急行动而预先进行的各种应对准备工作。"居安思危，思则有备，有备无患"。因而，充分准备是应急管理的一项主要原则。

应急准备的主要措施包括：利用现代通信信息技术建立重大危险源、应急队伍、应急装备等信息系统；组织制订应急预案，并根据情况变化随时对预案加以修改完善；按照预先制定的应急预案组织模拟演习和人员培训；建立突发公共事件应急响应级别和预警等级；与各个政府部门、社会救援组织和企业等签订应急互助协议，以落实应急处置时的场地设施设备使用、技术支持、物资设备供应、救援人员等事项，其目标是保证突发公共事件应急救援所需的应急能力，为应对突发公共事件做好准备。准备得越充分，突发公共事件应急救援就会越有成效。

3. 响应

响应是指在突发公共事件发生、发展过程中所进行的各种紧急处置和救援工作。及时响应是应急管理的又一项原则。

应急响应的主要措施包括：进行预警与通报，启动应急预案，开展消防和工程抢险，实施现场警戒和交通管制，紧急疏散事故可能影响区域的人员，提供现场急救与转送医疗，评估突发公共事件发展态势，向公众通报事态进展等一系列工作，其目标是尽可能地抢救受伤害的人员，保护可能受威胁的人群，尽可能控制并消除突发公共事件。

应急响应是应对突发公共事件的关键阶段、实战阶段，考验着政府和企业的应急处置能力，尤其需要解决好以下几个问题：一是要提高快速反应能力；二是应对突发公共事件，特别是特别重大、重大突发公共事件，需要政府具有较强的组织动员能力和协调能力，使各方面的力量都参与进来，相互协作，共同应对；三是要为一线应急救援人员配备必要的防护装备，以提高危险状态下的应急处置能力，并保护好一线应急救援人员。

4. 恢复

恢复指突发公共事件的影响得到初步控制后，为使生产、工作、生活和生态环境尽快恢复到正常状态所进行的各种善后工作。应急恢复应在突发公共事件发生后立即进行。首先应使突发公共事件影响区域恢复到相对安全的基本状态，然后逐步恢复到正常状态。

要求立即进行的恢复工作包括：评估突发公共事件损失，进行原因调查，清理事发现场废墟，提供事故保险理赔等。在短期恢复工作中，应注意避免出现新的紧急情况。

党中央、国务院高度重视突发公共事件的应急管理工作，确定了我国突发公共事件应急管理的基本原则：

（1）以人为本，减少危害

切实履行政府的社会管理和公共服务的职能，把保障公众健康和生命财产安全作为首要任务，最大限度地减少突发公共事件及其造成的人员伤亡和危害。

（2）居安思危，预防为主

高度重视公共安全工作，常抓不懈，防患于未然。增强忧患意识，坚持预防与应急相结合，常态与非常态相结合，做好应对突发公共事件的各项准备工作。

（3）统一领导，分级负责

在党中央、国务院的统一领导下，建立健全分类管理、分级负责、条块结合、属地管理为主的应急管理体制，在各级党委领导下，实行行政领导责任制，充分发挥专业应急管理机构的作用。

（4）依法规范，加强管理

依据有关法律和行政法规，加强应急管理，维护公众的合法权益，使应对突发公共事件的工作规范化、制度化、法制化。

（5）快速反应，协同应对

加强以属地管理为主的应急处置队伍建设，建立联动协调制度，充分动员和发挥乡镇、社区、企事业单位、社会团体和志愿者队伍的作用，依靠公众力量，形成统一指挥、反应灵敏、功能齐全、协调有序、运转高效的应急管理机制。

（6）依靠科技，提高素质

加强公共安全科学研究和技术开发，采用先进的监测、预测、预警、预防和应急处置技术及设施，充分发挥专家队伍和专业人员的作用，提高应对突发公共事件的科技水平和指挥能力，避免发生次生、衍生事件；加强宣传和培训教育工作，提高公众自救、互救和应对各类突发公共事件的综合素质。

第二节
环境应急管理

突发环境事件，是指由于污染物排放或者自然灾害、生产安全事故等因素，导致污染物或者放射性物质等有毒有害物质进入大气、水体、土壤等环境介质，突然造成或者可能造成环境质量下降，危及公众身体健康和财产安全，或者造成生态环境破坏，或者造成重大社会影响，需要采取紧急措施予以应对的事件。

《国家突发环境事件应急预案》按照突发事件严重性和紧急程度，突发环境事件一般分为四级：Ⅰ级（特别重大环境事件）、Ⅱ级（重大环境事件）、Ⅲ级（较大环境事件）和Ⅳ级（一般环境事件）。分级标准见附录二。

环境应急管理，是指为预防和减少突发环境事件的发生，控制、减轻和消除突发环境事件引起的危害，保护人民群众的生命财产及环境安全，组织开展的预防与应急准备、监测与预警、应急处置与救援、事后恢复与重建等管理行为。

一、环境应急管理的基本任务

根据突发环境事件的特点和实际，环境应急管理应强调对潜在突发环境事件实施事前、事中、事后的管理，可分为预防、准备、响应和恢复四个阶段。四个阶段没有严格界限，预防与应急准备、监测与预警、应急处置与救援、事后恢复与重建等应急管理活动贯穿于每个阶段中，每个阶段的任务各不相同又密切相关，构成了环境应急管理工作一个动态的循环改进过程。

1. 预防

建设项目环境风险评估，是指对建设项目建设和运行期间发生的可预测突发性事件或事故（一般不包括人为破坏及自然灾害）引起的有毒有害、易燃易爆等物质泄漏，或突发事件产生的新的有毒有害物质，对人身安全与环境所造成的影响和损害，进行评估，提出防范、应急与减缓措施。

环境风险源的识别与评估，是指在识别风险源的基础上，进一步对风险源的危险性进行分级，从而有针对性地对重大或特大的风险源加强监控和预警。环境风险源的监控，是指在风险源识别与分级的基础上，对环境风险源进行监控及动态管理，特别要对重大风险源进行实时监控。

环境风险隐患排查监管，是指环境保护部门为及时发现并消除隐患，减少或防止突发环境事件的发生，根据环保法律法规以及安全生产管理等制度的规定，督促生产经营单位（企业）就其可能导致突发环境事件发生的物的危险状态、人的不安全行为进行监督检查的行为。

预测与预警，是指通过对预警对象和范围、预警指标、预警信息进行分析研究识别潜在的或现实的突发环境事件因素，评估预测即将发生突发环境事件的严重程度并决定是否发出警报，以便及时地采取相应的预防措施减少突发环境事件发生的突然性和破坏性，从而实现防患于未然的目的。

此外，加强公众环境应急知识的普及和教育，提高公众突发环境事件的预防意识及预防能力，加强突发环境事件事前预防的理论研究与科技研发等也是事前预防的重要内容。

2. 准备

应急准备，是指为提高对突发环境事件的快速、高效反应能力，防止突发环境事件升级或扩大，最大限度地减小事件造成的损失和影响，针对可能发生的突发环境事件而预先进行的组织准备和应急保障。

组织准备主要是指根据可能发生突发环境事件的类型和区域，对应急机构职责、人员、技术、装备、设施（备）、物资、救援行动及其指挥与协调等方面预先有针对性地做好组织、部署。一般来说，组织准备主要通过编制应急预案并进行必要的演习来实现。应急预案是指针对可能发生的突发环境事件，为确保迅速、有序、高效地开展应急处置，减少人员伤亡和经济损失而预先制订的计划或方案。

应急保障主要是指确保环境应急管理工作正常开展，突发环境事件得到有效预防及妥善处置，人民群众生命财产和环境安全得到充分维护所需的各项保障措施，主要包括政策法律保障、组织管理保障、应急资源保障三大要素。政策法律保障指的是建立完善的环境应急法制体系；组织管理保障指的是建立专/兼职的环境应急管理机构并确保一定数量的人员编制；应急资源保障具体包括人力资源保障、装备资源保障、物资资源保障等内容。

此外，环境应急宣传教育培训、应急处置技术和设备的开发等工作也是应急准备的重要内容之一。

3. 响应

应急响应是指突发环境事件发生后，为遏制或消除正在发生的突发环境事件，控制或减缓其造成的危害及影响，最大限度地保护人民群众的生命财产和环境安全，根据事先制订的应急预案，采取的一系列有效措施和应急行动，具体包括事件报告、分级响应、警报与通报、信息发布、应急疏散、应急控制、应急终止等环节及要素。

① 事件报告是指突发环境事件发生后，法定的事件报告义务主体依照法定权限及程序及时向上级政府或部门报告事件信息的行为。

② 分级响应是指根据突发环境事件的类型，对照突发环境事

件的应急响应分级，启动相应的分级响应程序。

③ 警报是指为确保突发环境事件波及地区的公众及时作出自我防护响应，而采取的告知突发环境事件性质、对健康的影响、自我保护措施以及其他注意事项等信息的行为。通报是指突发环境事件发生后，承担法定通报义务的政府部门及时向毗邻和可能波及地区相关部门、所在区域其他政府部门通报突发环境事件情况的行为。

④ 信息发布是指突发环境事件发生后，行政机关或被授权组织依照法定程序，及时、准确、有效地向社会公众发布突发环境事件情况、应对活动状态等方面信息的行为或过程。

⑤ 应急疏散是指突发环境事件发生后，为尽量减少人员伤亡，将安全受到威胁的公众紧急转移到安全地带的环境应急管理措施。

⑥ 应急控制是指突发环境事件发生后，为尽快消除险情，防止突发环境事件扩大和升级，尽量减小事件造成的损失而采取各种处理、处置措施的过程及总和，包括警戒与治安、人员的安全防护与救护、现场处置等内容。

⑦ 应急终止是指应急指挥机构根据突发环境事件的处置及控制情况，宣布终止应急响应状态。

应急响应是应对突发事件的关键阶段、实战阶段，考验政府和企业的应急处置能力，尤其需要解决好以下几个问题：一是要提高快速反应能力。反应速度越快，意味着越能减少损失。经验表明，建立统一的指挥中心或系统将有助于提高快速反应能力。二是应对突发环境事件，特别是重大、特别重大突发环境事件，需要政府具有较强的组织动员和协调能力，使各方面的力量都参与进来，相互协作，共同应对。三是要为一线救援、处置人员配备必要的防护装备和处置技术装备，以提高危险状态下的应急处置能力，并保护好一线工作人员。

4. 恢复

要求立即进行的恢复工作包括：评估突发环境事件损失，进行原因调查，清理事发现场，提供赔偿等。在短期恢复工作中，应注意避免出现新的紧急情况。

突发环境事件环境影响评估包括现状评估和预测评估。现状评估是分析事件对环境已经造成的污染或生态破坏的危害程度；预测评估是分析事件可能会造成的中长期环境污染和生态破坏的后果，并提出必要的保护措施。

损害价值评估是指对事件造成的危害后果进行经济价值损失评估，便于统计和报告损失情况，并为后续生态补偿、人身财产赔偿做准备。

补偿赔偿是指由事件责任方或由国家对受损失的人群加以经济补偿、赔偿，这是体现社会公平，维护社会稳定的重要环节。

应急回顾评估是指对事件应急响应的各个环节存在的问题和不足进行分析、总结经验教训，为改进今后的事件应急工作提供依据，同时为事件应急工作中各方的表现进行奖惩提供依据。

长期恢复包括：重建被毁设施，开展生态环境修复工程，重新规划和建设受影响区域等。环境恢复是指对已经造成的危害或损失采取必要的控制发展和补救措施，对可能造成的中长期环境污染和生态破坏采取必要的预防措施，以减少危害程度。在长期恢复工作中，应汲取突发环境事件和应急处置的经验教训，开展进一步的突发环境事件预防工作。

二、环境应急管理法律法规

1. 法律

《宪法》是我国环境法律的最高层级，《宪法》中第九条第二款规定："国家保障自然资源的合理利用"，第二十六条规定："国家保护和改善生活环境和生态环境，防治污染和其他公害"，在法律没有特别规定的情况下，具有普遍适用意义的"保障""改善""防治"等措辞应适用于突发环境事件下的应急处理。

《中华人民共和国突发事件应对法》（以下简称《突发事件应对

法》)《中华人民共和国水污染防治法》《中华人民共和国固体废物污染环境防治法》《中华人民共和国海洋环境保护法》《中华人民共和国森林法》《中华人民共和国草原法》，2014 年最新修订的《中华人民共和国环境保护法》以及 2015 最新修订的《中华人民共和国大气污染防治法》等法律分别从不同方面对环境污染应急管理做了相关规定和要求。

《中华人民共和国突发事件应对法》，于 2007 年 8 月 30 日通过，自 2007 年 11 月 1 日起施行。该法的公布施行，是我国法制建设的一件大事，标志着突发事件应对工作全面纳入法制化轨道，对于提高全社会应对突发事件的能力，及时有效地控制、减轻和消除突发事件引起的严重社会危害，保护人民生命财产安全，维护国家安全、公众安全和环境安全，构建社会主义和谐社会，都具有重要意义。

2. 行政法规

《危险化学品安全管理条例》(国务院令 591 号，2011) 规范了危险化学品生产、储存、使用、经营和运输的安全管理，预防和减少危险化学品事故，保障人民群众生命财产安全，保护环境。该条例对危险化学品的环境危害性鉴定、风险程度评估、环境管理登记、重点危化品环境释放，以及危险化学品环境污染事故的报告、通报、调查、监测等作了具体规定。

《中华人民共和国水污染防治法实施细则》(国务院令 284 号，2000) 根据《中华人民共和国水污染防治法》制定，对水污染防治监督管理、水污染防治、法律责任，以及水污染事故报告、调查、处理等作了具体规定。

《防治船舶污染海洋环境管理条例》(国务院令第 561 号，2009) 根据《中华人民共和国海洋环境保护法》制定，防治船舶及其有关作业活动污染海洋环境，对船舶有关作业活动的污染防治、污染事故应急处置、事故调查处理、损害赔偿等作了具体规定。

3. 地方法规

地方政府根据本地潜在突发环境污染事件的风险特征，结合本地应急资源情况，制定相应的地方法规。如《广东省环境保护条例》（2015年修订），该条例第二十二条规定："排放污染物的企业事业单位和其他生产经营者是环境安全的责任主体，负有建立健全环境应急和环境风险防范机制的责任。"第四十一条规定："企业事业单位应当定期排查环境安全隐患，开展环境风险评估，依法编制突发环境事件应急预案，报所在地县级以上人民政府环境保护主管部门和有关部门备案，并定期进行演练。在发生或者可能发生突发环境事件或者其他危害环境的紧急状况时，立即向环境保护主管部门和有关部门报告，及时通报可能受到危害的单位和居民，并启动应急预案，采取应急措施，控制、减轻污染损害，消除污染。"

4. 行政规章

《突发环境事件信息报告办法》（环保部令17号，2011），该办法对突发环境事件进行了分级，规范了突发环境事件信息报告工作，提高环境保护主管部门应对突发环境事件的能力，适用于环境保护主管部门对突发环境事件的信息报告。

《突发环境事件调查处理办法》（环保部令32号）于2014年12月15日由环境保护部部务会议审议通过，自2015年3月1日起施行。该办法规范各级环境保护主管部门调查处理突发环境事件的程序，对突发环境事件调查程序的适用范围、事件调查组的组织、调查取证、污染损害评估、调查报告以及后续处理等做出了明确规定，适用于对突发环境事件的原因、性质、责任的调查处理。

《突发环境事件应急管理办法》（环保部令34号）于2015年3月19日由环境保护部部务会议审议通过，自2015年6月5日起施行。该办法进一步明确了环保部门和企业事业单位在突发环境事件应急管理工作中的职责定位，从风险控制、应急准备、应急处置和事后恢复等四个环节构建全过程突发环境事件应急管理体系，规范工作内容，理顺工作机制，并根据突发事件应急管理的特点和需求，设置了信息公开专章，充分发挥舆论宣传和媒体监督的作用，整体推动环境应急管理工作的进一步发展。

《国家危险废物名录》（环保部令 39 号）于 2016 年 3 月 30 日由环境保护部部务会议修订通过，自 2016 年 8 月 1 日起施行。该名录根据《中华人民共和国固体废物污染环境防治法》的有关规定制定，对危险废物进行分类收录，便于危化品的鉴定和安全管理。

5. 标准

《建设项目环境风险评价技术导则》（HJ/T 169—2004）规定了建设项目环境风险评价的目的、基本原则、内容、程序和方法，适用于涉及有毒有害和易燃易爆物质的生产、使用、储运等的新建、改建、扩建和技术改造项目（不包括核建设项目）的环境风险评价。

《突发环境事件应急监测技术规范》（HJ 589—2010）规定了突发环境事件应急监测的布点与采样、监测项目与相应的现场监测和实验室监测分析方法、监测数据的处理与上报、监测的质量保证等的技术要求。适用于因生产、经营、储存、运输、使用和处置危险化学品或危险废物以及意外因素或不可抗拒的自然灾害等原因而引发的突发环境事件的应急监测，包括地表水、地下水、大气和土壤环境等的应急监测。

《尾矿库环境风险评估技术导则（试行）》（HJ 740—2015）规定了尾矿库环境风险评估的一般原则、内容、程序、方法和技术要求。适用于运行期间的尾矿库环境风险评估，不适用于储存放射性尾矿、伴有放射性尾矿的尾矿库环境风险评估。

另外，环境保护部出台的《环境保护部关于加强环境应急管理工作的意见》（环发 [2009] 130 号）、《环境风险评估技术指南——氯碱企业环境风险等级划分方法》（环发 [2010] 8 号）、《突发环境事件应急预案管理暂行办法》（环发 [2010] 113 号）、《环境风险评估技术指南——硫酸企业环境风险等级划分方法（试行）》（环发 [2011] 106 号）、《化学品环境风险防控"十二五"规划》（环发［2013］20 号）、《环境风险评估技术指南——粗铅冶炼企业环境风险等级划分方法（试行）》（环发［2013］39 号）、《突发环境事件应急处置阶段污染损害评估工作程序规定》（环发［2013］85 号）、《企业突发环境事件风险评估指南（试行）》（环办［2014］34 号）、《突发环境事件应急处置阶段环境损害评估推荐方法》（环办［2014］118 号）、《国家突发环境事件应急预案》（国办函［2014］119 号）、《企业事业单位突发环境事件应急预案备案管理办法（试行）》（环发［2015］4 号）等一系列文件，基本涵盖了环境应急管理的全过程。

第三节
安全生产应急管理

生产安全事故是国家突发公共事件中的事故灾难之一，包括工矿商贸等企业的各类安全事故。安全生产应急管理是国家突发公共事件应急管理的重要组成部分。因此，国家突发公共事件应急管理的指导思想、原则和普遍规律都适合于安全生产应急管理。

根据生产安全事故（以下简称事故）造成的人员伤亡或者直接经济损失，事故一般分为以下等级。

① 特别重大事故，是指造成 30 人（含）以上死亡，或者 100 人（含）以上重伤（包括急性工业中毒，下同），或者 1 亿元（含）以上直接经济损失的事故。

② 重大事故，是指造成 10 人（含）以上 30 人以下死亡，或者 50 人（含）以上 100 人以下重伤，或者 5000 万元（含）以上 1 亿元以下直接经济损失的事故。

③ 较大事故，是指造成 3 人（含）以上 10 人以下死亡，或者 10 人（含）以上 50 人以下重伤，或者 1000 万元（含）以上 5000 万元以下直接经济损失的事故。

④ 一般事故，是指造成 3 人以下死亡，或者 10 人以下重伤，或者 1000 万元以下直接经济损失的事故。

一、安全生产应急管理的基本任务

全面做好安全生产应急管理工作，提高事故防范和应急处置能力，尽可能地避免和减少事故造成的伤亡和损失，是坚持"以人为本"、贯彻落实科学发展观的必然要求，也是维护广大人民群众的根本利益、构建社会主义和谐社会的具体体现。

1. 完善安全生产应急预案体系

各级安全生产监督管理部门及其他负有安全监管职责的部门要在政府的统一领导下，根据国家安全生产事故有关应急预案，分门别类制订、修订本地区、本部门、本行业和领域的各类安全生产应急预案。各生产经营单位要按照《生产经营单位安全生产事故应急预案编制导则》，制订应急预案，建立健全包括集团公司（总公司）、子公司或分公司、基层单位以及关键工作岗位在内的应急预案体系，并与政府及有关部门的应急预案相互衔接。

2. 健全和完善安全生产应急管理体制和机制

为建设安全生产应急救援体系相关的重点工程，各级安全生产监督管理部门都要明确应急管理机构，落实应急管理职责。

3. 加强安全生产应急队伍和能力建设

依据全国安全生产应急救援体系总体规划，依托大中型企业和社会救援力量，优化、整合各类应急救援资源，建设国家、区域、骨干专业应急救援队伍。

4. 建立健全安全生产应急管理法律法规及标准体系

加强安全生产应急管理的法制建设，逐步形成规范的安全生产事故灾难预防和应急处置工作的法律法规和标准体系。认真贯彻《中华人民共和国安全生产法》（以下简称《安全生产法》）和《突发公共事件应对法》，认真执行国务院《关于全面加强应急管理工作的意见》和《国家突发公共事件总体应急预案》，抓紧做好《安全生产应急管理条例》的立法工作和公布后的具体实施工作。抓紧研究制订安全生产应急预案管理、救援资源管理、信息管理、队伍建设、培训教育等配套规章规程和标准，尽快形成安全生产应急管理的法规标准体系。

5. 坚持预防为主、防救结合，做好事故防范工作

切实加强风险管理、重大危险源管理与监控，做好事故隐患的排查整改工作。建立预警制度，加强事故灾难预测预警工作，要定期对重大危险源和重点部位进行分析和评估，对可能导致安全生产事故的信息要及时进行预警。

6. 做好安全生产事故救援工作

按照国务院办公厅加强和改进突发公共事件信息报告工作的要求，做好信息报告等工作。对重特大事故灾难信息、可能导致重特大事故的险情，或者其他灾害和灾难可能导致重特大安全生产事故灾难的重要信息，各级安全生产监督管理部门、其他有关部门和各生产经营单位要及时上报并密切关注事态发展，做好应急准备和处置工作。

7. 加强安全生产应急管理培训和宣传教育工作

将安全生产应急管理和应急救援培训纳入安全生产教育培训体系。在有关注册安全工程师、安全评价师等安全生产类资格培训，以及特种作业培训、企业主要负责人培训、安全生产管理人员培训和市、县长等培训中增加安全生产应急管理的内容。

8. 加强安全生产应急管理支撑保障体系建设

依靠科技进步，提高安全生产应急管理和应急救援水平。成立国家、专业、地方安全生产应急管理专家组，对应急管理、事故救援提供技术支持；依托大型企业、院校、科研院所建立安全生产应急管理研究和工程中心，开展突发性事故灾难预防、处置的研究攻关；鼓励、支持救援技术装备的自主创新，引进、消化吸收先进救援技术和装备，提高应急救援装备的科技含量。

二、安全生产应急管理法律法规

面对安全生产事故发生频率加快、规模扩大的趋势，许多国家纷纷加强应急管理法制建设，逐步形成了规范安全生产事故应急管理全过程的完备的法律体系。

我国安全生产应急管理法律法规层级框架主要由法律、行政法规、地方性法规、行政规章、标准五个层次构成，框架如图 1-2 所示。这些法律、法规对加强安全生产应急管理工作，提高防范、应对安全生产重特大事故的能力，保护人民群众生命财产安全发挥了重要作用。

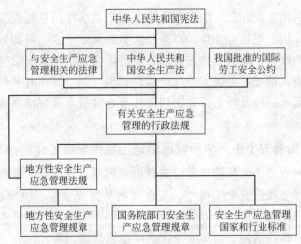

图 1-2 我国安全生产应急管理法律法规层级框架

1. 法律

《中华人民共和国宪法》是我国安全生产法律的最高层级，它提出的"加强劳动保护，改善劳动条件"，是我国安全生产方面最高法律效力的规定。

《中华人民共和国突发事件应对法》《中华人民共和国矿山安全法》《中华人民共和国煤炭法》《中华人民共和国消防法》《中华人

民共和国职业病防治法》《中华人民共和国特种设备安全法》,以及2014年最新修订的《中华人民共和国安全生产法》等法律分别从不同方面对安全生产应急管理做了相关规定和要求。

2. 行政法规

行政法规层面主要为《生产安全事故报告和调查处理条例》,该法规条例明确了生产安全事故等级的判定、上报时限、调查处理等的相关要求,落实生产安全事故责任追究制度,防止和减少生产安全事故,从应急响应、应急处理等方面为生产安全事故应急管理作了具体规定。

《安全生产应急管理条例》的立法工作正在积极推进,该条例的送审稿已上报国务院,即将发布实施,进一步完善了安全生产应急管理法律体系,规范应急管理工作。

另外,修订后的《危险化学品安全管理条例》也已施行。

3. 地方性法规

地方政府根据本地潜在生产安全事故的风险特定,结合本地应急资源情况,制定相应的地方法规。如《辽宁省突发事件应对条例》《辽宁省生产安全事故应急预案管理办法》《江苏省实施〈中华人民共和国突发事件应对法〉办法》《河北省矿山应急救援队伍有偿服务费收取及管理暂行规定》《重庆市危险化学品和非煤矿山应急救援队伍有偿服务管理暂行办法》《浙江省安全生产应急救援体系建设专项资金使用管理办法》等。

4. 行政规章

《生产安全事故应急预案管理办法》(安监总局令88号)修订后于2016年4月审议通过,自2016年7月1日起实施。该办法规范生产安全事故应急预案的编制、评审、公布、备案、实施、修订及监督管理等工作,以预防为导向,以提升预案实效为目标,以动态管理为要求,全面提高预案的质量和可操作性。

5. 标准

《生产安全事故应急演练指南》(AQ/T 2007—2011),针对生产安全事故所开展的应急演练活动，规定了应急演练的目的、原则、类型、内容和综合应急演练的组织与实施，为应急演练的具体实施提供指南。

《生产经营单位生产安全事故应急预案编制导则》（GB/T 29639—2013），规定了生产经营单位编制生产安全事故应急预案的编制程序、体系构成以及综合应急预案、专项应急预案、现场处置方案和附件的主要内容。

《生产安全事故应急演练评估规范》（AQ/T 9009—2015），针对生产安全事故应急演练所开展的评估活动，规定了演练评估的目的、内容、方法与工作程序。演练评估工作的组织及实施可根据演练内容、演练形式、演练规模和复杂程度参照该规范进行。

另外，《进一步加强安全生产应急救援体系建设的实施意见》《国务院关于进一步加强企业安全生产工作的通知（国发〔2010〕23号）》《国务院办公厅关于加强基层应急队伍建设的意见》等国务院文件；《关于加强安全生产应急管理执法检查的意见》《关于矿山危化品救援队伍开展安全检查的指导意见》《关于加强矿山应急管理提高快速响应能力的通知》《生产安全较大以上及较大涉险事故信息处置办法》《关于印发〈国家安全生产应急平台体系建设指导意见〉的通知（安监总应急〔2006〕211号）》等部门文件；《国家突发公共事件总体应急预案》《国家安全生产事故灾难应急预案》《危险化学品事故灾难应急预案》《矿山事故灾难应急预案》《海洋石油天然气作业事故灾难应急预案》《陆上石油天然气储运事故灾难应急预案》等总体和专项应急预案共同为生产安全事故应急管理提供指导。

第四节
企事业单位应急管理法定职责

一、企事业单位环境应急管理法定职责

新《中华人民共和国环境保护法》（以下简称《环境保护法》）

用完整独立的"第四十七条"共四款对环境应急工作进行了系统全面的规定,明确要求企事业单位要做好突发环境事件的风险控制、应急准备、应急处置和事后恢复等工作。2015年新出台的《突发环境事件应急管理办法》则在修订后的《环境保护法》和《突发事件应对法》的指导下对企事业单位应对突发环境事件的具体工作职责作了更加明确、具体的规定。2015年新修订的《中华人民共和国大气污染防治法》,2014年新修订的《国家突发环境事件应急预案》,2014年出台的《突发环境事件调查处理办法》,2011年公布的《突发环境事件信息报告办法》《中华人民共和国水污染防治法》《中华人民共和国固体废物污染环境防治法》等法律及规范性通知都对企事业单位的环境应急法定职责作了相应的要求。

企事业单位是环境安全的责任主体,《中华人民共和国环境保护法》第六条"企业事业单位和其他生产经营者应当防止、减少环境污染和生态破坏",第四十七条"企业事业单位应当依照《中华人民共和国突发事件应对法》的规定,做好突发环境事件的风险控制、应急准备、应急处置和事后恢复等工作",《国务院关于加强环境保护重点工作的意见》(国发〔2011〕35号)"健全责任追究制度,严格落实企业环境安全主体责任",《国家突发环境事件应急预案》3.1监测和风险分析"企业事业单位和其他生产经营者应当落实环境安全主体责任",以及《危险化学品安全管理条例》第四条"危险化学品安全管理,应当坚持安全第一、预防为主、综合治理的方针,强化和落实企业的主体责任"等都作了明确的规定。

企事业单位的环境安全主体责任主要体现在常规日常管理和非常规应急状态下两大方面。常规日常管理中,企事业单位主要负有风险评估、环境风险防范措施健全、开展环境安全隐患排查治理、应急预案编制和备案以及加强环境应急能力保障建设等职责。非常规应急状态下,企事业单位主要负有应急处置、信息报告、信息通报、协助并接受调查处理、承担损害赔偿以及信息公开等职责。

1. 风险评估

可能发生突发环境事件的企业应该按照相关法律法规要求开展

风险评估工作，划定企业环境风险等级，编制或修订环境风险评估报告，制订相应风险的防范措施。

主要法律依据如下。

①《突发环境事件应急管理办法》第八条："企业事业单位应当按照国务院环境保护主管部门的有关规定开展突发环境事件风险评估，确定环境风险防范和环境安全隐患排查治理措施。"

②《突发事件应急预案管理办法》（国办发［2013］101号）第十五条："编制应急预案应当在开展风险评估和应急资源调查的基础上进行。"

③《化学品环境风险防控"十二五"规划》（环发［2013］20号）："企业组织开展环境风险评估和后评估，设置厂界环境监测与预警装置，推进与监管部门联网，定期排查评估环境安全隐患并及时治理。"

2. 环境风险防范措施健全

可能发生突发环境事件的企业事业单位，在日常管理中要加强防范，采取措施尽可能避免突发环境事件的发生。

主要法律依据如下。

①《中华人民共和国突发事件应对法》第二十二条："所有单位应当建立健全安全管理制度，定期检查本单位各项安全防范措施的落实情况，及时消除事故隐患；掌握并及时处理本单位存在的可能引发社会安全事件的问题，防止矛盾激化和事态扩大；对本单位可能发生的突发事件和采取安全防范措施的情况，应当按照规定及时向所在地人民政府或者人民政府有关部门报告。"

②《突发环境事件应急管理办法》第九条："企业事业单位应当按照环境保护主管部门的有关要求和技术规范，完善突发环境事件风险的防控措施。"

③《国家突发环境事件应急预案》3.1监测和风险分析："企业事业单位和其他生产经营者应当落实环境安全主体责任，定期排查环境安全隐患，开展环境风险评估，健全风险防控措施。当出现

可能导致突发环境事件的情况时，要立即报告当地环境保护主管部门。"

④《中华人民共和国水污染防治法》第六十七条第二款："生产、储存危险化学品的企业事业单位，应当采取措施，防止在处理安全生产事故过程中产生的可能严重污染水体的消防废水、废液直接排入水体。"

3. 环境安全隐患排查治理

企事业单位应建立环境安全隐患排查治理体系，对生产经营过程中存在的人、物、管理等方面的环境安全隐患进行主动排查，并对发现的隐患进行治理。

主要法律依据如下。

①《突发环境事件应急管理办法》第十条："企业事业单位应当按照有关规定建立健全环境安全隐患排查治理制度，建立隐患排查治理档案，及时发现并消除环境安全隐患。对于发现后能够立即治理的环境安全隐患，企业事业单位应当立即采取措施，消除环境安全隐患。对于情况复杂、短期内难以完成治理，可能产生较大环境危害的环境安全隐患，应当制定隐患治理方案，落实整改措施、责任、资金、时限和现场应急预案，及时消除隐患。"

②《国务院关于加强环境保护重点工作的意见》："对化学品生产经营企业进行环境隐患排查，对海洋、江河湖泊沿岸化工企业进行综合整治，强化安全保障措施。"

③《中华人民共和国突发事件应对法》第二十三条："矿山、建筑施工单位和易燃易爆物品、危险化学品、放射性物品等危险物品的生产、经营、储运、使用单位，应当制定具体应急预案，并对生产经营场所、有危险物品的建筑物、构筑物及周边环境开展隐患排查，及时采取措施消除隐患，防止发生突发事件。"

4. 应急预案编制、修订和备案

有环境风险隐患、可能发生突发环境事件的企业事业单位，应按法律法规制订突发环境事件应急预案，按要求修订完善，并及时备案。

主要法律依据如下。

①《危险化学品安全管理条例》第七十条："危险化学品单位应当制定本单位危险化学品事故应急预案，配备应急救援人员和必要的应急救援器材、设备，并定期组织应急救援演练。危险化学品单位应当将其危险化学品事故应急预案报所在地设区的市级人民政府安全生产监督管理部门备案。"

②《突发环境事件应急管理办法》第十三条："企业事业单位应当按照国务院环境保护主管部门的规定，在开展突发环境事件风险评估和应急资源调查的基础上制定突发环境事件应急预案，并按照分类分级管理的原则，报县级以上环境保护主管部门备案。"第十五条："突发环境事件应急预案制定单位应当定期开展应急演练，撰写演练评估报告，分析存在问题，并根据演练情况及时修改完善应急预案。"

③《企业事业单位突发环境事件应急预案备案管理办法（试行）》（环发〔2015〕4号）第八条："企业是制定环境应急预案的责任主体，根据应对突发环境事件的需要，开展环境应急预案制定工作，对环境应急预案内容的真实性和可操作性负责。企业可以自行编制环境应急预案，也可以委托相关专业技术服务机构编制环境应急预案。委托相关专业技术服务机构编制的，企业指定有关人员全程参与。"第十二条："企业结合环境应急预案实施情况，至少每三年对环境应急预案进行一次回顾性评估。存在环境风险发生重大变化、应急管理组织指挥体系与职责发生重大变化等情形的，应及时修订。"第十四条："企业环境应急预案应当在环境应急预案签署发布之日起20个工作日内，向企业所在地县级环境保护主管部门备案。"

④《中华人民共和国水污染防治法》第六十七条第1款："可能发生水污染事故的企业事业单位，应当制定有关水污染事故的应急方案，做好应急准备，并定期进行演练。"

⑤《中华人民共和国固体废物污染环境防治法》第六十二条：

"产生、收集、储存、运输、利用、处置危险废物的单位，应当制定意外事故的防范措施和应急预案，并向所在地县级以上地方人民政府环境保护行政主管部门备案；环境保护行政主管部门应当进行检查。"

5. 环境应急能力保障建设

企业事业单位应当按照相关法律法规和标准规范的要求，加强环境应急能力保障建设，包括环境应急培训、环境应急队伍、能力建设以及应急物质保障等。

主要法律依据如下。

①《突发环境事件应急管理办法》第七条："环境保护主管部门和企业事业单位应当加强突发环境事件应急管理的宣传和教育，鼓励公众参与，增强防范和应对突发环境事件的知识和意识。"第十九条："企业事业单位应当将突发环境事件应急培训纳入单位工作计划，对从业人员定期进行突发环境事件应急知识和技能培训，并建立培训档案，如实记录培训的时间、内容、参加人员等信息。"第二十二条："企业事业单位应当储备必要的环境应急装备和物资，并建立完善相关管理制度。"

②《突发事件应对法》第二十九条："居民委员会、村民委员会、企业事业单位应当根据所在地人民政府的要求，结合各自的实际情况，开展有关突发事件应急知识的宣传普及活动和必要的应急演练。"

③《中华人民共和国水污染防治法》第六十七条第 1 款："可能发生水污染事故的企业事业单位，应当制定有关水污染事故的应急方案，做好应急准备，并定期进行演练。"

④《企业事业单位突发环境事件应急预案备案管理办法（试行）》第十一条："企业根据有关要求，结合实际情况，开展环境应急预案的培训、宣传和必要的应急演练，发生或者可能发生突发环境事件时及时启动环境应急预案。"

6. 积极开展应急处置，协助并接受调查处理

发生事故或者其他突然性事件，造成或者可能造成污染的企业

事业单位，必须立即采取措施，清除或减轻污染危害，协助并接受调查处理。

主要法律依据如下。

①《中华人民共和国突发事件应对法》第五十六条第1款："受到自然灾害危害或者发生事故灾难、公共卫生事件的单位，应当立即组织本单位应急救援队伍和工作人员营救受害人员，疏散、撤离、安置受到威胁的人员，控制危险源，标明危险区域，封锁危险场所，并采取其他防止危害扩大的必要措施，同时向所在地县级人民政府报告。"

②《中华人民共和国环境保护法》第四十七条："在发生或者可能发生突发环境事件时，企业事业单位应当立即采取措施处理，及时通报可能受到危害的单位和居民，并向环境保护主管部门和有关部门报告。"

③《突发环境事件应急管理办法》第二十三条："企业事业单位造成或者可能造成突发环境事件时，应当立即启动突发环境事件应急预案，采取切断或者控制污染源以及其他防止危害扩大的必要措施，及时通报可能受到危害的单位和居民，并向事发地县级以上环境保护主管部门报告，接受调查处理。应急处置期间，企业事业单位应当服从统一指挥，全面、准确地提供本单位与应急处置相关的技术资料，协助维护应急现场秩序，保护与突发环境事件相关的各项证据。"

④《中华人民共和国水污染防治法》第六十八条第1款："企业事业单位发生事故或者其他突发性事件，造成或者可能造成水污染事故的，应当立即启动本单位的应急方案，采取应急措施，并向事故发生地的县级以上地方人民政府或者环境保护主管部门报告。"

⑤《中华人民共和国大气污染防治法》第九十七条："发生造成大气污染的突发环境事件，人民政府及其有关部门和相关企业事业单位，应当依照《中华人民共和国突发事件应对法》《中华人民共和国环境保护法》的规定，做好应急处置工作。"

⑥《中华人民共和国固体废物污染环境防治法》第六十三条：

"因发生事故或者其他突发性事件，造成危险废物严重污染环境的单位，必须立即采取措施消除或者减轻对环境的污染危害，及时通报可能受到污染危害的单位和居民，并向所在地县级以上地方人民政府环境保护行政主管部门和有关部门报告，接受调查处理。"

⑦《危险化学品安全管理条例》第五十一条："发生危险化学品事故，事故单位主要负责人应当立即按照本单位危险化学品应急救援组织预案，立即组织救援，并立即报告当地负责危险化学品安全监督管理综合工作的部门和公安、环境保护、质检部门。"

⑧《突发环境事件调查处理办法》第八条："突发环境事件发生单位的负责人和有关人员在调查期间应当依法配合调查工作，接受调查组的询问，并如实提供相关文件、资料、数据、记录等。"

⑨《国家突发环境事件应急预案》4.2.1 现场污染处置：涉事企业事业单位或其他生产经营者要立即采取关闭、停产、封堵、围挡、喷淋、转移等措施，切断和控制污染源，防止污染蔓延扩散。做好有毒有害物质和消防废水、废液等的收集、清理和安全处置工作。

7. 及时通报和报告

一旦发生或者可能发生突发环境事件，企事业单位可拨打"12369"向当地环境保护部门报告，也可以通过"110"、"119"、公共举报电话、网络等形式向有关部门报告。当事故发生造成或者可能造成其他单位和居民受到污染危害时，企事业单位应及时进行通报可能受到危害的单位和居民。

主要法律依据如下。

①《中华人民共和国环境保护法》第四十七条："在发生或者可能发生突发环境事件时，企业事业单位应当立即采取措施处理，及时通报可能受到危害的单位和居民，并向环境保护主管部门和有关部门报告。"

②《突发环境事件应急管理办法》第二十三条："及时通报可能受到危害的单位和居民，并向事发地县级以上环境保护主管部门

报告，接受调查处理。"

③《国家突发环境事件应急预案》3.3信息报告与通报：突发环境事件发生后，涉事企业事业单位或其他生产经营者必须采取应对措施，并立即向当地环境保护主管部门和相关部门报告，同时通报可能受到污染危害的单位和居民。

8. 承担损害赔偿

企事业单位是环境安全的责任主体，对所造成的损害依法承担责任。

主要法律依据如下。

①《中华人民共和国环境保护法》第六条："企业事业单位和其他生产经营者应当防止、减少环境污染和生态破坏，对所造成的损害依法承担责任。"

②《突发环境事件应急管理办法》第六条第2款："发生或者可能发生突发环境事件时，企业事业单位应当依法进行处理，并对所造成的损害承担责任。"

③《中华人民共和国水污染防治法》第八十三条："企业事业单位违反本法规定，造成水污染事故的，由县级以上人民政府环境保护主管部门依照本条第二款的规定处以罚款，责令限期采取治理措施，消除污染；不按要求采取治理措施或者不具备治理能力的，由环境保护主管部门指定有治理能力的单位代为治理，所需费用由违法者承担；对造成重大或者特大水污染事故的，可以报经有批准权的人民政府批准，责令关闭；对直接负责的主管人员和其他直接责任人员可以处上一年度从本单位取得的收入百分之五十以下的罚款。"第八十五条："因水污染受到损害的当事人，有权要求排污方排除危害和赔偿损失。由于不可抗力造成水污染损害的，排污方不承担赔偿责任；法律另有规定的除外。水污染损害是由受害人故意造成的，排污方不承担赔偿责任。水污染损害是由受害人重大过失造成的，可以减轻排污方的赔偿责任。水污染损害是由第三人造成的，排污方承担赔偿责任后，有权向第三人追偿。"

④《中华人民共和国大气污染防治法》第一百二十三条指出："违反本法规定，企业事业单位和其他生产经营者有下列行为之一，受到罚款处罚，被责令改正，拒不改正的，依法作出处罚决定的行政机关可以自责令改正之日的次日起，按照原处罚数额按日连续处罚：

（一）未依法取得排污许可证排放大气污染物的；

（二）超过大气污染物排放标准或者超过重点大气污染物排放总量控制指标排放大气污染物的；

（三）通过逃避监管的方式排放大气污染物的；

（四）建筑施工或者贮存易产生扬尘的物料未采取有效措施防治扬尘污染的。"

⑤《中华人民共和国固体废物污染环境防治法》第八十四条："受到固体废物污染损害的单位和个人，有权要求依法赔偿损失。赔偿责任和赔偿金额的纠纷，可以根据当事人的请求，由环境保护行政主管部门或者其他固体废物污染环境防治工作的监督管理部门调解处理；调解不成的，当事人可以向人民法院提起诉讼。当事人也可以直接向人民法院提起诉讼。"国家鼓励法律服务机构对固体废物污染环境诉讼中的受害人提供法律援助。

⑥《危险化学品安全管理条例》第九十四条："危险化学品单位发生危险化学品事故，造成他人人身伤害或者财产损失的，依法承担赔偿责任。"

9. 信息公开

企事业单位应当按照有关法律法规的规定，选择方便、合适的方式公开相关环境信息。

主要法律依据如下。

①《企业事业单位环境信息公开办法》第三条："企业事业单位应当按照强制公开和自愿公开相结合的原则，及时、如实地公开其环境信息。"第四条第 3 款："企业事业单位应当建立健全本单位环境信息公开制度，指定机构负责本单位环境信息公开日常工作。"

②《突发环境事件应急管理办法》第三十四条：“企业事业单位应当按照有关规定，采取便于公众知晓和查询的方式公开本单位环境风险防范工作开展情况、突发环境事件应急预案及演练情况、突发环境事件发生及处置情况，以及落实整改要求情况等环境信息。”

二、企事业单位安全生产应急管理法定职责

发生安全生产事故时，企事业单位作为事故的主体，在事故预防、准备、应急响应、应急处置与处理过程中，负有以下相关法定义务。

155号公约《职业安全和卫生及工作环境公约》第十八条指出：“雇主在必要时采取应付紧急情况和事故的措施，包括急救安排”。

167号公约《建筑业安全卫生公约》第三十一条明确指出："雇主应负责保证随时提供包括训练有素人员在内的急救。应采取措施保证遭遇事故或得急病的工人送院就医"。

170号公约《作业场所安全使用化学品公约》第十三条"操作控制"第二款指出："雇主应：（a）限制接触有害化学品以保护工人的安全与健康；（b）提供急救；（c）做好处置紧急情况的安排。"

174号公约《预防重大工业事故公约》作了较详细而明确的规定。如，第九条指出："雇主须为每一重大危害设置建立并保持关于重大危害控制的成文制度，包括危害的识别、分析、风险评估、技术和组织措施，以及应急计划和步骤"。第二十条："为确保工作安全制度，须通过适当合作机制，同重大危害设置中的工人及其代表进行协商。"第二十一条指出："重大危害设置现场工作的工人须遵守重大危害设置内同预防重大事故和控制有可能导致重大事故的事态发展有关的所有作法和程序；一旦发生重大事故，遵循一切应急程序"。

《中华人民共和国安全生产法》第十八条第五款规定："生产经

营单位的主要负责人有组织制定并实施本单位的生产安全事故应急救援预案的职责。"第三十七条规定："生产经营单位对重大危险源应当登记建档，进行定期检测、评估、监控，并制定应急预案，告知从业人员和相关人员在紧急情况下应当采取的应急措施。"第七十九条规定："危险物品的生产、经营、储存单位以及矿山、建筑施工单位应当建立应急救援组织；生产经营规模较小，可以不建立应急救援组织的，应当指定兼职的应急救援人员。"

《中华人民共和国职业病防治法》第二十一条规定："用人单位应当采取下列职业病防治管理措施：（一）设置或者指定职业卫生管理机构或者组织，配备专职或者兼职的职业卫生管理人员，负责本单位的职业病防治工作；（二）制定职业病防治计划和实施方案；（三）建立、健全职业卫生管理制度和操作规程；（四）建立、健全职业卫生档案和劳动者健康监护档案；（五）建立、健全工作场所职业病危害因素监测及评价制度；（六）建立、健全职业病危害事故应急救援预案。"第二十四条规定："产生职业病危害的用人单位，应当在醒目位置设置公告栏，公布有关职业病防治的规章制度、操作规程、职业病危害事故应急救援措施和工作场所职业病危害因素检测结果。对产生严重职业病危害的作业岗位，应当在其醒目位置，设置警示标识和中文警示说明。警示说明应当载明产生职业病危害的种类、后果、预防以及应急救治措施等内容。"

《中华人民共和国消防法》第十六条第四款要求："消防安全重点单位应当制定灭火和应急疏散预案，定期组织演练。"

《中华人民共和国特种设备安全法》第六十九条规定："特种设备使用单位应当制定特种设备事故应急专项预案，并定期进行应急演练。"第七十条规定："特种设备发生事故后，事故发生单位应当按照应急预案采取措施，组织抢救，防止事故扩大，减少人员伤亡和财产损失，保护事故现场和有关证据，并及时向事故发生地县级以上人民政府负责特种设备安全监督管理的部门和有关部门报告。"

→ **思考与练习**

1. 突发公共事件如何分类？ 请举例进行简要分析。

2. 如何理解突发公共事件应急管理的内涵？ 当前，我国突发公共事件应急管理工作内容有哪些？

3. 环境应急管理的基本任务是什么？

4. 为什么要进行安全生产应急管理？ 根据国家安全生产监督管理总局的要求，当前我国安全生产应急管理的基本任务有哪些？

5. 如何理解安全生产应急管理法律法规层级框架？

6. 企事业单位环境应急管理法定职责有哪些？

7. 企事业单位安全生产应急管理法定职责有哪些？

第二章　应急管理体系构建

第一节
环境应急管理体系

应急管理体系是指应对突发事件时的组织、制度、行为资源等相关应急要素及要素间关系的总和。环境应急管理体系是指在政府领导下，以法律为准绳，全面整合各种资源，制订科学规范的应急机制和应急预案，建立以政府为核心、全社会共同参与的组织网络，预防和应对各类突发环境事件，保障公众生命财产和环境安全，保证社会秩序正常运转的工作系统。

一、环境应急管理体系结构

中国环境应急管理体系以"事前预防—应急准备—应急响应—事后管理"四个阶段的全过程管理为主线，围绕应急预案、应急管理体制、机制、法制建设，构建起了"一案三制"的核心框架。该体系包括风险防控、应急预案、指挥协调、恢复评估四大核心要素，以及政策法律、组织管理、应急资源三大保障要素，各要素相互联系、相互作用，共同形成有机的整体，是一个不断发展的开放的体系。环境应急管理遵循"以风险防控为核心，以全过程管理为主线"的管理理论，突出事前预防、强化事中应对、完善事后管理，即日常抓管理、出事抓应对。

1. 预案建设

预案建设是环境管理的龙头，是"一案三制"的起点。预案具有应急规划、纲领和指南的作用，是应急理念的载体，是应急行动的宣传书、动员令、冲锋号，是应急管理部门实施应急教育、预防、引导、操作等多方面工作的有力抓手。

科学的环境应急预案体系包括国家级应急预案、行业应急预案、各级政府应急预案、相关部门应急预案和企业应急预案。预案体系横向到边、纵向到底，符合综合化、系统化、专业化和协同化要求。预案之间相互衔接、统一协调、综合配套，发挥整体效用。

2. 体制建设

我国应急管理体制，在县级以上地方人民政府的统一领导下，按照分类管理、分级负责、属地管理为主的原则建立。

县级以上环境保护主管部门在本级人民政府的统一领导下，对突发环境事件应急管理日常工作实施监督管理，指导、协助、督促下级人民政府及其有关部门做好突发环境事件的应对工作。

从突发事件的管理整体来看，分为日常管理和应急状态下的应对工作，这两方面管理的内容和主体都有所区别。日常管理中，地方政府承担统一的领导职责，而环保部门则在职责范围内承担监督管理责任；在突发事件的应对中，地方政府承担组织、协调和指挥职责，环保部门承担指导、协助和督促职责。

3. 机制建设

应急管理机制是行政管理组织体系在遇到突发公共事件后有效运转的机理性制度。应急管理机制是为积极发挥体制作用服务的，同时又与体制有着相辅相成的关系，建立"统一指挥、反应灵敏、功能齐全、协调有力、运转高效"的应急管理机制。它既可以促进应急管理体制的健全和有效运转，也可以弥补体制存在的不足。经过几年的努力，我国初步建立了环境风险预测预警机制、环境应急预案动态管理机制、环境应急响应机制、信息通报机制、部门联动工作机制、企业应急联动机制、环境应急修复机制、环境损害评估机制等。我国在培育应急管理机制时，重视应急管理工作平台建设。环境应急管理的机制有如下几方面。

（1）环境风险预测预警机制

加强国内外突发环境事件信息收集整理、研究，按照"早发现、早报告、早处置"的原则，开展对国内外环境消息、自然灾害预警信息、常规环境监测数据、辐射环境监测数据的综合分析、风险评估工作，包括对发生在境外、有可能对我国造成环境影响事件信息的收集与传报。开展环境安全风险隐患排查监管工作。加强环境风险隐患动态管理。加强日常环境监测，及时掌握重点流域、敏感地区的环境变化，根据地区、季节特点有针对性地开展环境事件防范工作。

（2）环境应急预案动态管理机制

进一步完善突发环境事件应急预案体系，指导社区、企业层面全面开展突发环境事件应急预案的编制工作。提高预案的时效性、针对性和可操作性，制订分行业和分类的环境应急预案编制指南，规范预案编制、内容、修订、评估、备案和演习等工作。

（3）环境应急响应机制

按照"统一领导、综合协调、分类管理、条块结合、属地管理为主"的原则，建立分级响应机制。事发地人民政府接到事件报告后，要立即启动本级突发环境事件应急预案，组织有关部门进行先期处置。出现本级政府无法应对的突发环境事件，应当马上请求上级政府直接管理。"属地管理为主"不排除上级政府及其有关部门对其工作的指导，也不能免除发生地其他部门的协同义务。

（4）信息通报机制

当突发环境事件影响到毗邻省（自治区、直辖市）或可能波及毗邻省（自治区、直辖市）时，事发地省级人民政府应及时将情况通报有关省（自治区、直辖市）人民政府。使其能及时采取必要的防控和监控措施。必要时，发生突发环境事件的事发地的环境保护部门可直接通报受影响或可能波及的省（自治区、直辖市）环境保护部门。

（5）部门联动工作机制

各级政府创建综合性的、常设的专司环境应急事务的协调指挥机构，采用统一接警，分级、分类出警的运行模式。公安、消防、安监、卫生、环保、质监、水利、土地等部门加强横向联系，建立消息通报、应急联动等工作机制。

（6）企业应急联动机制

建立各级人民政府与企业、企业与企业、企业与关联单位之间的应急联动机制，形成统一指挥、相互支持、密切配合、协同应对各类突发公共事件的合力，协调有序地开展应急管理工作。

（7）环境应急修复机制

环境紧急修复是指环境事件发生后，政府及有关部门采取相应的应急处置措施，控制和减少环境污染的损害。应急处置措施包括水环境紧急修复、大气环境紧急修复、土壤环境紧急修复、固体废物转移和安全处置等。

（8）环境损害评估机制

环境损害评估包括直接经济损失评估、间接经济损失评估等。

4. 法制建设

法律手段是应对突发公共事件最基本、最主要的手段。应急管理法制建设，就是依法开展应急工作，努力使突发公共事件的应急处置走向规范化、制度化和法制化轨道，使政府和公民在突发公共事件中明确权利、义务，使政府得到高度授权，维护国家利益和公共利益，使公民基本权益得到最大限度的保护。

目前，我国应急管理法律体系基本形成，并在逐步完善中。

二、环境应急管理组织体系

突发环境事件的应对，遵循"统一领导、分级负责、属地为主、协调联动"的原则，以县级以上地方人民政府为责任主体，构建环境应急管理组织体系。应急管理组织指挥体系包括国家层面组织指挥机构、地方层面组织指挥机构和现场指挥机构。

1. 国家层面组织指挥机构

国家层面组织指挥机构主要负责应对重特大突发环境事件、跨省级行政区域突发环境事件和省级人民政府提出请求的突发环境事件。根据具体情况国家层面组织指挥机构分为中华人民共和国环境保护部、国务院工作组和国家环境应急指挥部三个层次。

中华人民共和国环境保护部负责重特大突发环境事件应对的指导协调和环境应急的日常监督管理工作。根据突发环境事件的发展态势及影响，中华人民共和国环境保护部或省级人民政府可报请国务院批准，或根据中华人民共和国国务院领导同志指示，成立国务院工作组，负责指导、协调、督促有关地区和部门开展突发环境事件的应对工作。必要时，成立国家环境应急指挥部，由中华人民共和国国务院领导同志担任总指挥，统一领导、组织和指挥应急处置工作；国务院办公厅履行信息汇总和综合协调职责，发挥运转枢纽的作用。

国家环境应急指挥部主要由中华人民共和国环境保护部、中共中央宣传部（中华人民共和国国务院新闻办）、中央网络安全和信息化领导小组办公室、中华人民共和国外交部、中华人民共和国发展和改革委员会、中华人民共和国工业和信息化部、中华人民共和国公安部、中华人民共和国民政部、中华人民共和国财政部、中华人民共和国住房和城乡建设部、中华人民共和国交通运输部、中华人民共和国水利部、中华人民共和国农业部、中华人民共和国商务部、中华人民共和国卫生和计划生育委员会、国家新闻出版广电总局、国家安全生产监督管理总局、国家食品药品监管总局、国家林业局、国家气象局、国家海洋局、国家测绘地理信息局、国家铁路局、中国民用航空局、中国人民解放军总参谋部作战部、中国人民解放军总后勤部基建营房部、中国人民武装警察部队总部、中国铁路总公司等部门和单位组成，根据应对工作需要，增加有关地方人民政府和其他有关部门。

国家环境应急指挥部设立相应的工作组，各工作组的组成及职责分工如下：

（1）污染处置组

由中华人民共和国环境保护部牵头，中华人民共和国公安部、中华人民共和国交通运输部、中华人民共和国水利部、中华人民共和国农业部、国家安全生产监督管理总局、国家林业局、国家海洋局、中国人民解放军总后勤部参作战部、中国人民武装警察部队总部等参加。

主要职责：收集和汇总相关数据，组织进行技术研判，开展事态分析；迅速组织切断污染源，分析污染途径，明确防止污染物扩散的程序；组织并采取有效的措施，消除或减轻已经造成的污染；明确不同情况下的现场处置人员须采取的个人防护措施；组织建立现场警戒区和交通管制区域，确定重点防护区域，确定受威胁人员疏散的方式和途径，疏散转移受威胁人员至安全紧急避险场所；协调军队、武警有关力量参与应急处置。

（2）应急监测组

由中华人民共和国环境保护部牵头，中华人民共和国住房和城乡建设部、中华人民共和国水利部、中华人民共和国农业部、国家气象局、国家海洋局、中国人民解放军总参谋部作战部、中国人民解放军总后勤部基建营房部等参加。

主要职责：根据突发环境事件的污染物种类、性质以及当地气象、自然、社会环境状况等，明确相应的应急监测方案及监测方法；确定污染物的扩散范围，明确监测的布点和频次，做好大气、水体、土壤等应急监测，为突发环境事件应急决策提供依据；协调军队力量参与应急监测。

（3）医学救援组

由中华人民共和国卫生计划生育委员会牵头，中华人民共和国环境保护部、国家食品药品监督管理总局等参加。

主要职责：组织开展伤病员医疗救治、应急心理援助；指导和协助开展受污染人员的去污洗消工作；提出保护公众健康的措施建议；禁止或限制受污染食品和饮用水的生产、加工、流通和食用，防范因突发环境事件造成集体中毒等。

（4）应急保障组

由中华人民共和国发展和改革委员会牵头，中华人民共和国工业和信息化部、中华人民共和国公安部、中华人民共和国民政部、中华人民共和国财政部、中华人民共和国环境保护部、中华人民共和国住房和城乡建设部、中华人民共和国交通运输部、中华人民共和国水利部、中华人民共和国商务部、国家测绘地理信息局、国家铁路局、中国民用航空局、中国铁路总公司等参加。

主要职责：指导做好事件影响区域有关人员的紧急转移和临时安置工作；组织做好环境应急救援物资及临时安置重要物资的紧急生产、储备调拨和紧急配送工作；及时组织调运重要的生活必需品，保障群众基本生活和市场供应；开展应急测绘工作。

（5）新闻宣传组

由中共中央宣传部（国务院新闻办）牵头，中央网络安全和信息化领导小组办公室、中华人民共和国工业和信息化部、中华人民共和国环境保护部、国家新闻出版广电总局等参加。

主要职责：组织开展事件进展、应急工作情况等权威信息发布，加强新闻宣传报道；收集和分析国内外舆情和社会公众动态，加强媒体、电信和互联网管理，正确引导舆论；通过多种方式，通俗、权威、全面、前瞻地做好相关的知识普及；及时澄清不实信息，回应社会关切。

（6）社会稳定组

由中华人民共和国公安部牵头，中央网络安全和信息化领导小组办公室、中华人民共和国工业和信息化部、中华人民共和国环境保护部、中华人民共和国商务部等参加。

主要职责：加强受影响地区的社会治安管理，严厉打击借机传播谣言制造社会恐慌、哄抢物资等违法犯罪行为；加强转移人员安置点、救灾物资存放点等重点地区的治安管控；做好受影响人员与涉事单位、地方人民政府及有关部门矛盾纠纷化解和法律服务工作，防止出现群体性事件，维护社会稳定；加强对重要生活必需品等商品的市场监管和调控，打击囤积居奇行为。

（7）涉外事务组

由中华人民共和国外交部牵头，中华人民共和国环境保护部、中华人民共和国商务部、国家海洋局等参加。

主要职责：根据需要向有关国家和地区、国际组织通报突发环境事件信息，协调处理对外交涉、污染检测、危害防控、索赔等事宜，必要时申请、接受国际援助。

工作组设置、组成和职责可根据工作需要作适当调整。

2. 地方层面组织指挥机构

县级以上地方人民政府负责本行政区域内的突发环境事件应对工作，明确相应的组织指挥机构。跨行政区域的突发环境事件应对工作，由各有关行政区域人民政府共同负责，或由有关行政区域共同的上一级地方人民政府负责。对需要国家层面协调处置的跨省级行政区域突发环境事件，由有关省级人民政府向中华人民共和国国务院提出请求，或由有关省级环境保护主管部门向中华人民共和国环境保护部提出请求。

地方有关部门按照职责分工，密切配合，共同做好突发环境事件应对工作。

3. 现场指挥机构

负责突发环境事件应急处置的人民政府根据需要成立现场指挥部，负责现场组织指挥工作。参与现场处置的有关单位和人员要服从现场指挥部的统一指挥。

第二节
安全生产应急救援体系

一、安全生产应急救援体系结构

安全生产应急救援体系的总体目标是：控制突发安全生产事故

的事态发展，保障生命财产安全，恢复正常状况。由于各种事故灾难种类繁多，情况复杂，突发性强，覆盖面大，应急救援活动又涉及从高层管理到基层人员各个层次，从公安、医疗到环保、交通等不同领域，这都给应急救援日常管理和应急救援指挥带来了许多困难。解决这些问题的唯一途径是建立起科学、完善的应急救援体系和实施规范有序的运作程序。

根据有关应急救援体系基本框架结构理论，并针对我国目前安全生产应急救援方面存在的主要问题，通过各级政府、企业和全社会的共同努力，建设一个统一协调指挥、结构完整、功能齐全、反应灵敏、运转高效、资源共享、保障有力、符合国情的安全生产应急救援体系，以有效应对各类安全生产事故灾难，并为应对其他灾害提供有力的支持。按照《全国安全生产应急救援体系总体规划方案》的要求，全国安全生产应急救援体系的结构如图 2-1 所示。

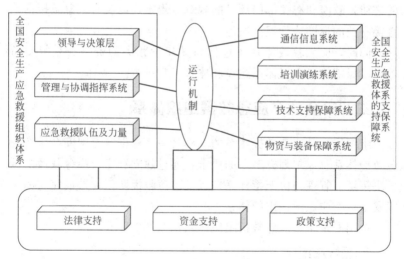

图 2-1　全国安全生产应急救援体系结构示意图

全国安全生产应急救援体系主要由组织体系、运行机制、支持保障体系以及法律法规体系等部分构成。

组织体系是全国安全生产应急救援体系的基础，主要包括应急救援的领导与决策层、管理与协调指挥系统和应急救援队伍及力量。

运行机制是全国安全生产应急救援体系的重要保障，目标是实现统一领导、分级管理，条块结合、以块为主，分级响应、统一指挥，资源共享、协同作战，一专多能、专兼结合，防救结合、平战结合，以及动员公众参与，以切实加强安全生产应急救援体系内部的应急管理，明确和规范相应程序，保证应急救援体系运转高效、应急反应灵敏，取得良好的抢救效果。

支持保障系统是全国安全生产应急救援体系的有机组成部分，是体系运转的物资条件和手段，主要包括通信信息系统、培训演练系统、技术支持保障系统、物资与装备保障系统等。

法律法规体系是应急体系的法制的基础和保障，也是开展各项应急活动的依据，与应急有关的法律法规主要包括由立法机关通过的法律，政府和有关部门颁发的规章、规定，以及与应急救援活动直接有关的标准或管理办法等。

同时，应急救援体系还包括与其建设相关的资金、政策支持等，以保障应急救援体系建设和体系正常运行。

二、安全生产应急救援组织体系

组织体系是应急救援体系的基础之一。根据《全国安全生产应急救援体系总体规划方案》的要求，通过建立和完善应急救援的领导决策层、管理与协调指挥系统以及应急救援队伍，形成完整的全国安全生产应急救援组织体系。

全国安全生产应急救援组织体系如图 2-2 所示。

1. 领导决策层

按照统一领导、分级管理的原则，全国安全生产应急救援领导决策层由国务院安委会及其办公室、国务院有关部门、地方各级人民政府组成。

（1）国务院安全生产委员会

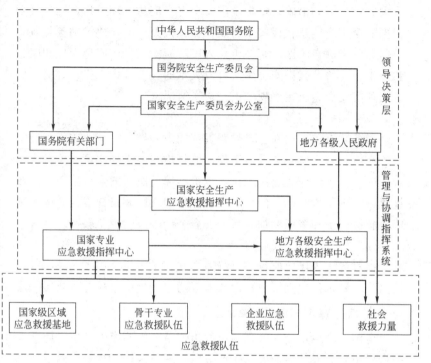

图 2-2 全国安全生产应急救援组织体系示意图（－－▶按预案分级职责）

国务院安全生产委员会统一领导全国安全生产应急救援工作。负责研究部署、指导协调全国安全生产应急救援工作；研究和提出全国安全生产应急救援工作的重大方针政策；负责应急救援重大事项的决策，对涉及多个部门或领域、跨多个地区的影响特别恶劣事故灾难的应急救援实施协调指挥；必要时协调总参谋部和武警总部调集部队参加安全生产事故的应急救援工作；建立于协调同自然灾害、公共卫生和社会安全突发事件应急救援机构之间的联系，并相互配合。

（2）国务院安全生产委员会办公室

国务院安全生产委员会办公室承办国务院安全生产委员会的具体事务。负责研究和提出安全生产应急救援管理和应急救援工作的重大方针政策和措施；负责全国安全生产应急管理工作，统一规划全国安全生产应急救援体系建设，监督检查、指导协调国务院有关部门和各省（自治区、直辖市）人民政府安全生产应急管理和应急救援工作，协调指挥安全生产事故灾难的应急救援工作；督促、检查国务院安委会决定事项的贯彻落实情况。

（3）国务院有关部门

国务院有关部门在各自的职责范围内领导有关行业或领域的安全生产应急管理和应急救援工作，监督检查、指导协调有关行业或领域的安全生产应急救援工作，负责本部门所属的安全生产应急救援协调指挥机构、队伍的行政和业务管理，协调指挥本行业或领域应急救援队伍和资源参加重特大安全生产事故的应急救援。

（4）地方各级人民政府

地方各级人民政府统一领导本地区的安全生产应急救援工作，按照分级管理的原则统一指挥本地区的安全生产事故应急救援。

2. 应急管理与协调指挥系统

全国安全生产应急管理与协调指挥系统由国家安全生产应急救援指挥中心、有关专业安全生产应急管理与协调指挥机构以及地方各级安全生产应急管理与协调指挥机构组成，如图 2-3 所示。作为承担国务院应急管理的日常工作和国务院总值班室工作的机构，中华人民共和国国务院应急管理办公室在应急管理与协调指挥系统中发挥着重要作用。

国务院应急管理办公室作为国务院应对各类突发公共事件的综合协调机构，其主要职责是：

① 承担国务院总值班室工作，及时掌握和报告与国家相关的重大情况和动态，办理向中华人民共和国国务院报送的紧急重要事项，保证中华人民共和国国务院与各省（自治区、直辖市）人民政府、国务院各部门联络通畅，指导全国政府系统值班室工作。

② 负责协调和督促检查各省（自治区、直辖市）人民政府、国务院各部门应急管理工作，协调、组织有关方面研究提出国家应

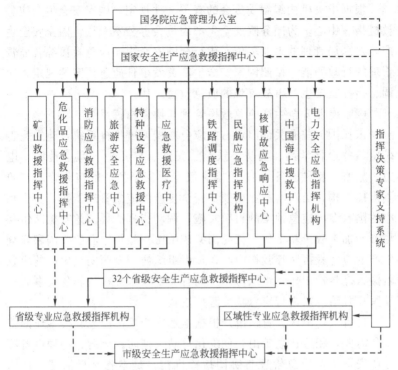

图 2-3 全国安全生产应急管理与协调指挥体系示意图

急管理的政策、法规和规划建议。

③ 负责组织编制国家突发公共事件总体应急预案和审核专项应急预案,协调指导应急预案体系和应急体系、机制、法制建设,指导各省(自治区、直辖市)人民政府、国务院有关部门应急体系、应急信息平台建设等工作。

④ 协助国务院领导处置特别重大突发公共事件,协调指导特别重大和重大突发公共事件的预防预警、应急演练、应急处置、调查评估、信息发布、应急保障和国际救援等工作。

⑤ 组织开展信息调研和宣传培训工作,协调应急管理方面的国际交流与合作。

(1)国家安全生产应急救援指挥中心

根据中央机构编制委员会的有关文件规定，国家安全生产应急救援指挥中心，为国务院安全生产委员会办公室领导，国家安全生产监督总局管理的事业单位，履行全国安全生产应急救援综合监督管理的行政职能，按照国家安全生产突发事件应急预案的规定，协调、指挥安全生产事故灾难的应急救援工作。

（2）专业安全生产应急救援管理与协调指挥系统

依托国务院有关部门现有的应急救援调度指挥系统，建立完善矿山、危险化学品、消防、铁路、民航、核工业、海上搜救、电力、旅游、特种设备等 10 个国家级专业安全生产的应急管理与协调指挥机构，负责本行业或领域安全生产的应急管理工作，负责相应的国家专项应急预案的组织实施，调动指挥所属应急救援队伍和物资参加事故抢救工作。依托国家矿山医疗救护中心建立国家安全生产的应急救援医疗救护中心，负责组织协调全国安全生产的应急救援医疗救护工作，组织协调全国有关专业医疗机构和各类事故灾难医疗救治专家进行应急救援医疗抢救。

各省（自治区、直辖市）根据本地安全生产应急救援工作的特点和需要，相应建立矿山、危险化学品、消防、旅游、特种设备等专业安全生产应急管理与协调指挥机构，是本省（自治区、直辖市）安全生产应急管理与协调指挥系统的组成部分，也是相应的专业安全生产应急管理与协调指挥系统的组成部分，同时接受相应的国家级专业安全生产应急管理与协调指挥机构的指导。

国务院有关部门根据本行业或领域安全生产应急救援工作的特点和需要建立海上搜救、铁路、民航、核工业、电力等区域性专业应急管理与协调指挥机构，是本行业或领域专业安全生产应急救援管理与协调指挥系统的组成部分，同时接受所在省（自治区、直辖市）安全生产应急管理与协调指挥机构的指导，也是所在省（自治区、直辖市）安全生产应急救援管理与协调指挥系统的组成部分。

（3）地方安全生产应急管理与协调指挥系统

全国各省（自治区、直辖市）建立安全生产应急救援指挥中心，在本省（自治区、直辖市）人民政府及其安全生产委员会领导下负责本地区的安全生产应急管理和事故灾难应急救援协调指挥工作。

各省（自治区、直辖市）根据本地区的实际情况和安全生产应急救援工作的需要，建立有关专业安全生产应急管理与协调指挥机构，或依托国务院有关部门设立在本地的区域性专业应急管理与协调指挥机构，负责本地相关行业或领域的安全生产应急管理与协调指挥工作。

在全国各市（地）规划建立市（地）级安全生产应急管理与协调指挥机构，在当地政府的领导下负责本地的安全生产应急救援工作，并与省级专业应急救援指挥机构和区域级专业应急救援指挥机构相协调，组织指挥本地安全生产事故的应急救援。

市（地）级专业安全生产应急管理与协调指挥机构的设立，以及县级地方政府安全生产应急管理与协调指挥机构的设立，由各地根据实际情况确定。

（4）指挥决策专家支持系统

各级安全生产监督管理部门、各级（各专业）安全生产应急管理与协调指挥机构设立事故灾难应急专家委员会（组），建立应急救援辅助决策平台，为应急管理和事故抢救指挥决策提供技术和支持，形成安全生产应急救援指挥决策支持系统。

3. 应急救援队伍

根据矿山、石油化工、铁路、民航、核工业、水上交通、旅游等行业或领域的特点、危险源分布情况，通过整合资源、调整区域布局、补充人员和装备，形成以企业应急救援力量为基础，以国家级区域专业应急救援基地和地方骨干专业队伍为中坚力量，以应急救援志愿者等社会救援力量为补充的安全生产应急救援队伍体系。

全国安全生产应急救援队伍体系主要包括四个方面：

（1）国家级区域应急救援基地

依托国务院有关部门和有关大中型企业现有的专家以及救援队伍进行重点加强和完善，建立国家安全生产应急救援指挥中心管理指挥的国家级综合性区域应急救援基地、国家级专业应急救援指挥中心管理指挥的专业区域应急救援基地，保证特别重大安全生产事故灾难应急救援和实施跨省（自治区、直辖市）应急救援的需要。

（2）骨干专业应急救援队伍

根据有关行业或领域安全生产应急救援的需要，依托有关企业现有的专业应急救援队伍进行加强、补充、提高，形成骨干救援队伍，保证本行业或领域重特大事故应急救援和跨地区实施救援的需要。

（3）企业应急救援队伍

各类企业严格按照有关法律、法规的规定和标准建立专业应急救援队伍，或按规定与有关专业救援队伍签订救援服务协议，保证企业自救能力。鼓励企业应急救援队伍扩展专业领域，向周边企业和社会提供救援服务。企业应急救援队伍是安全生产应急救援队伍体系的基础。

（4）社会救援力量

引导、鼓励、扶持社区建立由居民组成的应急救援组织和志愿者队伍，事故发生后能够立即开展自救、互救、协助专业救援队伍开展救援工作；鼓励各种社会组织建立应急救援队伍，按市场运作的方式参加安全生产应急救援，作为安全生产应急救援队伍的补充。

矿山、危化、电力、特种设备等行业或领域的事故灾难，应充分发挥本行业（领域）的专家作用，依靠相关的专业队伍、企业救援队伍和社会力量开展应急救援。通过事故所属专业安全生产应急管理与协调指挥机构同相关安全生产应急救援管理与协调指挥机构建立业务和通信信息网络联系，调集相关专业队伍实施救援。

各级各类应急救援队伍承担所属企业（单位）以及有关管理部门划定区域的安全生产事故灾难应急救援工作，并接受当地政府和上级安全生产应急管理与协调指挥机构的协调指挥。

→ **思考与练习**

1. 简述环境应急管理体系结构。

2. 简述环境应急管理组织体系。

3. 简述分析当前我国安全生产应急救援体系的总体构成以及各组成部分的作用。

4. 简述如何建立安全生产应急救援体系?(可从政府和企业角度分别论述)

第三章 危险源辨识与风险评估

认 识 风 险

企业（或事业）单位建设项目根据危险源、周边环境状况及环境保护目标的状况，按照《建设项目环境风险评价技术导则》（HJ/T 169）的要求进行环境风险评价，阐述建设项目存在的危险源及环境风险评价结果。

根据《突发环境事件应急管理办法》《企业突发环境事件风险评估指南（试行）》要求，对于已建成投产的企事业单位，针对可能发生突发环境事件的风险物质开展企业突发环境事件风险评估。

根据《生产经营单位安全生产事故应急预案编制导则》（AQ/T 9002—2006）要求，生产经营单位安全生产事故应急预案的编制，需要进行危险源辨识与风险评估。

在危险因素分析及事故隐患排查、治理的基础上，确定企事业单位可能发生事故的危险源、事故的类型和后果，进行事故风险分析，并指出事故可能产生的次生、衍生事故，形成分析报告，分析结果作为应急预案的编制依据。

一、风险及风险评价识别

1. 风险与风险评价

（1）风险

"风险"在《现代汉语词典》（第6版）中的定义为"可能发生

的危险"。某些学者从经济学和数学的角度定义风险为："用事故可能性与损失或损伤的幅度来表达经济损失与人员伤害的度量"或者"不确定危害的度量"。目前普遍承认的"风险"概念为：风险 R 是事故发生概率 P 与事故造成的环境（或健康）后果 C 的乘积，即公式为：

$$R = PC \tag{3-1}$$

一般意义上的风险具有发生或出现人们不希望的后果的可能性。这些后果被称为危害事件，例如污染事故、健康损害、受伤死亡等。风险可以减缓、推迟和回避，而承担风险又可以分为自愿与非自愿。

（2）风险评价

风险评价可以概括为：用系统、科学的理论方法对系统的安全性进行预测和分析，以寻求最佳的对策控制和处理危害事故，从而评价达到系统安全的能力。

2. 环境风险评价和安全风险评价

（1）环境风险评价

广义上的环境风险评价是指评价由于人类的各种社会经济活动所引发或面临的危害（包括自然灾害）对人体健康、社会经济、生态系统等可能造成的损失，并据此进行管理和决策的过程。狭义上的环境风险评价通常指对有毒有害物质（包括环境化学物、放射性物质等）危害人体健康和生态系统的影响程度进行概率估计，并提出减少环境风险的方案和对策。

目前，我国正在实施的强制/建议的三个评价体系均涉及环境风险评价，即：环境影响评价、风险（安全）评价、人群健康（卫生）评价。这三个评价体系所涵盖的风险评价对象和内容既有所重叠，又有所不同。

一般意义上的环境风险评价主要是在建设项目环境影响评价中，针对建设和运行期间发生的可预测突发性事件或事故（一般不包括人为破坏及自然灾害）释放的有毒有害物质，所造成的对人身安全与环境的影响和损害，包括从风险源（各种风险事故）到风险后果，以及风险管理组成的环境风险系统的全面评价过程。

（2）安全风险评价

安全风险评价又称安全评价或危险评价，以实现工程、系统安全为目的，应用安全系统工程原理和方法，对工程、系统中存在的危险、有害因素进行辨识与分析，判断工程、系统发生事故和职业危害的可能性及其严重程度，从而为制订防范措施和管理决策提供科学依据。安全风险评价既需要安全风险评价理论的支撑，又需要理论与实际经验的结合，二者缺一不可。

安全风险评价的目的是查找、分析和预测工程、系统、生产经营活动中存在的危险、有害因素及可能导致的危险、危害后果和程度，提出合理可行的安全对策措施，指导危险源监控和事故预防，以达到最低事故率、最少损失和最优的安全投资效益。包括系统地对计划、设计、制造、运行、储运和维修等全过程进行控制；建立使系统安全的最优方案，为决策提供依据；为实现安全技术、安全管理的标准化和科学化创造条件；促进企业实现本质安全化。

二、环境风险评价和安全风险评价区别

环境风险评价和安全风险评价都属于风险评价的范畴，且环境风险评价源于安全风险评价，两者所遵循的原理、使用的方法、采用的标准都基本一致。从评价步骤上看，两者都包含有风险识别和评价，即确定事故发生的可能性（概率）及模拟或推断事故可能造成的危害的严重程度，以及提出适宜的管理对策等。另外，安全危害与环境危害很多时候是相互关联的，安全事故往往同时会引发环境事故。实际上环境风险评价中涉及的风险识别、重大危险源判定、评价中使用的估算模式、事故概率等基本上来自安全评价。这两个概念在实际工作中非常容易混淆。

环境风险评价和安全风险评价两者虽联系紧密，但各有侧重。从研究的内容来说，环境风险评价与安全风险评价是类似的，均是对系统运行中易产生事故的环节进行分析。安全风险评价中的危险

性识别和危险性评价量大而广，而环境风险评价是在其基础上突出重点。安全风险评价研究更加全面，它对系统各个方面存在的事故隐患进行评价，而环境风险评价则是筛选出对环境可能产生最大影响的事故进行分析。从研究重点来说，环境风险评价重视事故对环境的影响，尤其是人体危害；安全风险评价则重视工程项目安全运行，判断工程项目事故隐患，并提出消除危险因素的措施。环境风险评价与安全风险评价在风险识别、风险分析上使用的方法上是基本相同的。

表 3-1 列出了常见事故类型中的环境风险评价与安全风险评价的内容。从表 3-1 中可以看出，虽然研究的事故类型相同，但两者的侧重点是有差距。环境风险评价侧重于通过自然环境如空气、水体和土壤等传递的突发性环境危害，而安全风险评价则主要针对人为因素和设备因素等引起的火灾、爆炸、中毒等重大安全危害。简单来说，环境风险评价与安全风险评价的主要区别是：环境风险评价关注事故对外界环境的影响，而安全风险评价则关注厂（场）内影响；我国目前环境风险评价导则关注的是概率很小或极小但环境危害最严重的最大可信事故，而安全风险评价主要关注的是概率相对较大的各类事故。

表 3-1 常见事故类型中的环境风险评价与安全风险评价的内容对比

事故类型	环境风险评价内容	安全风险评价内容
石油化工长输管线油品泄漏	土壤污染和生态环境危害	火灾、爆炸
大型码头油品泄漏	海洋污染	火灾、爆炸
储罐、工艺设备有毒物质泄漏	空气污染、人员毒害	火灾、爆炸、人员急性毒害
油井井喷	土壤污染和生态环境危害	火灾、爆炸
高硫化氢井井喷	空气污染、人员毒害	火灾、爆炸、人员急性毒害
石化工艺设备易燃烃类泄漏	空气污染、人员毒害	火灾、爆炸
炼化厂二氧化硫等事故排放	空气污染、人员毒害	人员急性毒害

环境风险评价和安全风险评价两者的对比情况如表 3-2 所示。

表 3-2　环境风险评价和安全风险评价对比

项目	环境风险评价	安全风险评价
评价目的和侧重	评价重点是预测事故引起的厂(场)界外人群伤害、环境质量变化及对生态系统的影响和防护对策,侧重于环境可接受的水平分析	以如何避免安全事故,减少安全隐患作为评价重点,侧重于为初步设计、安全管理等提供科学依据
评价边界	厂(场)界外环境	厂(场)内人员和设备
主要关注点	事件发生的可能性及发生后向环境迁移的重大可接受水平、对环境造成的影响	事件的危险度以及可能造成的人员伤害及设备、经济损失程度
事故类型	危险物质、危险装置泄漏、火灾、爆炸等事件所造成的环境影响事故	各类安全事故
危险源	有毒有害、易燃易爆的危险化学物质;有重大危险的生产装置和生产线	可能造成危险的人为、设备、环境等因素,如设备失效、误操作、环境条件异常

第二节
危险源辨识

危险源辨识是环境风险评价和安全风险评价的基础,是评价的首要环节,辨识的正确情况决定了评价结论的可靠程度。

一、危险源识别

危险源是指一个系统中具有潜在能量和物质释放的危险的,在一定触发因素作用下可能导致人员伤害或疾病、财产损失、环境破坏或这些情况组合的根源或状态。

危险源辨识即是识别危险源并确定其特性的过程,不但包括对危险源的识别，而且必须对其性质加以判断。

二、两种评价危险源辨识的异同

1. 危险源辨识目的的异同

安全风险评价与环境风险评价的危险源辨识各不相同。前者的目的在于通过识别危险来源，理解系统中薄弱环节，发现危险因素和管理缺陷，为其后确定危险源的危险性、危险程度，消除潜在危险，提出预防控制措施做准备，从而减少和防止事故的发生，达到系统的安全和最优化。

而环境风险评价危险源辨识的目的是找出可能引发事故导致不良后果的材料、物品、系统、工艺过程或项目特征，进而筛选出最大可信事故，通过源项分析计算，确定项目的风险值，通过与相关标准进行比较，评价项目的风险能否达到可接受水平。

2. 危险源辨识内容的异同

安全危险因素与环境危险因素相互关联，安全事故往往同时引发环境事故，如火灾爆炸可引起大气、水污染，安全事故造成的有毒物料泄漏可导致大气中毒物浓度超标，发生人员健康危害等。

危险源辨识内容上，两种评价都包括对项目概况、工艺、设备及所涉及物料的危险性进行识别评价，都可根据装置、物料的危险性特点划分危险单元，都需对危险因素进行定性定量分析、计算风险概率和危险度等。其中部分内容是相通的，可以互为借鉴。环境风险评价在危险源辨识前期可利用同项目安全评价的相关内容来简化工作，提高效率。

但是具体内容上两种评价存在重大的差异，安全风险评价通过对各单元物料危险性、发生事故的原因和概率、引起职业危害的因素、危险单元的分析等来确定安全水平、可能的人员伤害及设备、经济损失程度。而环境风险评价通过判别确定最大可信事故，对事故时引起的厂（场）界内外环境质量的恶化、生态系统损害和人群健康影响进行预测和评价。安全风险评价和环境风险评价具体的差异如表 3-3 所示。

表 3-3   环境风险评价和安全风险评价危险源辨识内容的相异点

项目	环境风险评价	安全风险评价
专注危害	通过自然环境传递的重大环境危害	人为和设备因素等引发的安全危害
范围界定	全部装置和系统风险	单装置或系统
重点危险因素	物料危险性；生产设施、储运；控制系统的事故因素	设备、工艺装置安全和配套设施、人员操作安全的事故因素
辨识结论	最大可信事故确定，及其对全部系统以及环境、生态、人群的风险可接受性	主要的危险因素，装置安全（火灾爆炸危险等）和人员安全（急性毒害、操作危险等）

3. 危险源辨识的流程的异同

两类评价在危险源辨识流程上大致相似，都包括资料收集、危险有害因素分析、分类查找、单元划分、确认主要危险因素、定性定量分析等。

但是具体流程的差别明显。安全风险评价在危险辨识中要求对事故的影响因素、事故机制机理进行分析和研究，要求划分危险单元、确定各单元危险和危险等级。环境风险评价不要求划分危险单元（可以依据物料和装置特性自主划分），一般不做影响因素、事故机制的分析及详细的危险分级，但要求对所识别出的主要危险源进行源项分析，确定有关源项参数，包括事故概率、毒物泄露及其进入环境的可能转移途径和危害类型等，进而确定最大可信事故及其源项，为可接受性评价做准备。

4. 危险源辨识的方法异同

两种评价的危险源辨识方法都基于安全系统工程理论，相通较多。目前常用的方法包括：询问交谈、问卷调查、现场观察、查阅记录、材料性质和生产条件分析、制订相互作用矩阵、工作任务分析、安全检查表（SCL）、故障类型及影响分析、危险与可操作性研究（HAZOP）、事故树分析（FTA）、事件树分析（ETA）等。其中，SCL、HAZOP、FTA、ETA 是比较规范的危险源辨识方法，常用来分析确定项目涉及的危险源和风险概率等。

两种评价危险源辨识方法上的相异体现在：安全风险评价以危险度评价法为基础，在事故危险性尤其是经济损失确定时，常用到化学火灾、爆炸危险指数评价法；在进行安全水平的定性分析时常用 SCL、等级评分评价法、预先危险性分析法等。而环境风险评价常用检查表法、查分法来筛选危险源；用概率法、事故树分析法来确定最大可信事故；用类比法、加权法、指数法以及蒸气云伤害模式、水和大气的预测模式（可借助相关预测软件）来预测最大可信事故对周围人群、环境的影响。

每种方法都有各自的特点、适用范围和局限性，在危险源辨识中应结合具体情况，运用合适、有效的方法进行清查。通常必须综合运用两种或两种以上的方法，从不同角度和层面全面地辨识。

三、危险源辨识的基本内容

危险源辨识的基本内容主要包括物质风险识别和生产设施风险识别。物质风险识别范围包括主要原材料及辅助材料、燃料、中间产品、最终产品以及生产过程排放的"三废"污染物等。生产设施风险识别范围包括主要生产装置、储运系统、公用工程系统、工程环保设施及辅助生产设施等。

1. 物质危险源辨识基本内容

（1）易燃、易爆物质的识别

易燃、易爆物质是指具有火灾爆炸危险性物质，分为爆炸性物质、氧化剂、可燃气体、自燃性物质、遇水燃烧物质、易燃与可燃液体、易燃与可燃固体等。

① 爆炸性物质是指受到高热、摩擦、撞击或受到一定物质激发能瞬间发生急剧的物理、化学变化，并伴有能量的快速释放，引起被作用介质的变形、移动和破坏的物质。爆炸性物质分为爆炸性

化合物和爆炸性混合物。前者具有一定的化学组成，分子间含有不稳定的爆炸基团，包括硝基化合物、硝胺、叠氮化合物、重氮化合物、乙炔化合物、过氧化物、氮的卤化物等；后者通常由两个或两个以上的爆炸组分和非爆炸组分经机械混合而成，主要为硝铵炸药等。

② 氧化剂是指具有较强的氧化性能，能发生分解反应，并引起燃烧或爆炸的物质。氧化剂分为有机氧化剂和无机氧化剂。其危险性在于氧化剂遇碱、潮湿、强热、摩擦、撞击或与易燃物、还原剂等接触时发生分解反应，释放氧，有些反应急剧，易引起燃烧或爆炸。

③ 可燃气体是指遇火、受热或与氧化剂接触能引起燃烧或爆炸的气体。可燃气体的危险性主要为其燃烧性、爆炸性和自燃性。

④ 自燃性物质是指不需要明火作用，因本身受空气氧化或外界温度、湿度影响发热达到自燃点而发生自行燃烧的物质。

⑤ 水燃烧物质是指遇水或潮湿空气能分解产生可燃气体，并放出热量而引起燃烧或爆炸的物质。水燃烧物质包括锂、钾等金属及其氢氧化物和硼烷等。

⑥ 易燃与可燃液体是指遇火、受热或与氧化剂接触能燃烧和爆炸的液体、溶液、乳状液和悬浮液等燃烧液体。易燃与可燃液体具有易挥发性、易燃性、毒性、密度大都小于水的特点。其危险性的表征参数有闪点与燃点、爆炸极限、自燃点、密度、沸点、饱和蒸气压、受热膨胀性、流动扩散性、带电性和分子量与化学结构等参数。流体能发生闪燃的最低温度叫闪点，它反映液体燃烧的难易程度。闪点越低，液体越易燃烧。一般而言，凡闪点小于 61℃（含 61℃）的燃烧液体均为易燃与可燃液体。

（2）毒性物质识别

毒性物质是指进入人机体达到一定量后，能与体液和组织发生生物化学作用或生物物理变化，扰乱或破坏机体的正常生理功能，引起暂时性或持久性的病理状态，甚至危及生命的物质。毒性物质毒性的表征一般以化学物质引起实验动物某种毒性反应所需的剂量来表示。常采用以下指标。

①绝对致死量或浓度（LD_{100}或LC_{100}）：染毒动物全部死亡的最小剂量或浓度。

②半数致死量或浓度（LD_{50}或LC_{50}）：染毒动物半数致死的最小剂量或浓度。

③最小致死量或浓度（MLD或MLC）：全部染毒动物中个别动物死亡的剂量或浓度。

④最大耐受量或浓度（LD_0或LC_0）：染毒动物全部存活的最大剂量或浓度。

毒物的摄入有呼吸道吸入、皮肤吸收和消化道吸收三种形式。毒物的危害程度根据急性毒性、急性中毒发病情况、慢性中毒患病情况、慢性中毒后果、致癌性和最高容许浓度分为极度危害、高度危害、中度危害和轻度危害四类。职业性接触毒物危害程度分级和评分依据如表 3-4 所示。

表 3-4　职业性接触毒物危害程度分级和评分依据

（GBZ 230—2010 职业性接触毒物危害程度分级）

分项指标		极度危害	高度危害	中度危害	轻度危害	轻微危害	权重系数
积分值		4	3	2	1	0	
急性吸入 LC_{50}	气体 /（cm^3/m^3）	＜100	≥100～ ＜500	≥500～ ＜2500	≥2500～ ＜20000	≥20000	5
	蒸气 /（mg/m^3）	＜500	≥500～ ＜2000	≥2000～ ＜10000	≥10000～ ＜20000	≥20000	
	粉尘和烟雾 /（mg/m^3）	＜50	≥50～ ＜500	≥500～ ＜1000	≥1000～ ＜5000	≥5000	
急性经口 LD_{50} /（mg/kg）		＜5	≥5～ ＜50	≥50～ ＜300	≥300～ ＜2000	≥2000	—
急性经皮 LD_{50} /（mg/kg）		＜50	≥50～ ＜200	≥200～ ＜1000	≥1000～ ＜2000	≥2000	1
刺激与腐蚀性		pH≤2 或 pH≥11.5；腐蚀作用或不可逆损伤作用	强刺激作用	中等刺激作用	轻刺激作用	无刺激作用	2

分项指标	极度危害	高度危害	中度危害	轻度危害	轻微危害	权重系数
致敏性	有证据表明该物质能引起人类特定的呼吸系统致敏或重要脏器的变态反应性损伤	有证据表明该物质能导致人类皮肤过敏	动物试验证据充分,但无人类相关证据	现有动物试验证据不能对该物质的致敏性做出结论	无致敏性	2
生殖毒性	明确的人类生殖毒性:已确定对人类的生殖能力、生育或发育造成有害效应的毒物,人类母体接触后可引起子代先天性缺陷	推定的人类生殖毒性:动物试验生殖毒性明确,但对人类生殖毒性作用尚未确定因果关系,推定对人的生殖能力或发育产生有害影响	可疑的人类生殖毒性:动物试验生殖毒性明确,但无人类生殖毒性资料	人类生殖毒性未定论:现有证据或资料不足以对毒物的生殖毒性作出结论	无人类生殖毒性:动物试验阴性,人群调查结果未发现生殖毒性	3
致癌性	Ⅰ组,人类致癌物	ⅡA组,近似人类致癌物	ⅡB组,可能人类致癌物	Ⅲ组,未归入人类致癌物	Ⅳ组,非人类致癌物	4
实际危害后果与预后	职业中毒病死率≥10%	职业中毒病死率＜10%;或致残(不可逆损害)	器质性损害(可逆性重要脏器损害),脱离接触后可治愈	仅有接触反应	无危害后果	5

续表

分项指标	极度危害	高度危害	中度危害	轻度危害	轻微危害	权重系数
扩散性	气态	液态,挥发性高(沸点小于50℃);固态,扩散性极高(使用时形成烟或烟尘)	液态,挥发性中(沸点≥50℃小于150℃);固态,扩散性高(细微而轻的粉末,使用时可见尘雾形成,并在空气中停留数分钟以上)	液态,挥发性低(沸点≥150℃);固态,晶体、粒状固体,扩散性中,使用时能见到粉尘,但很快落下;使用后粉尘留在表面	固态,扩散性低[不会破碎的固体小球(块),使用时几乎不产生粉尘]	3
蓄积性(或生物半减期)	蓄积系数(动物实验,下同)小于1;生物半减期≥4000h	蓄积系数≥1小于3;生物半减期≥400h小于4000h	蓄积系数≥3小于5;生物半减期≥40h小于400h	蓄积系数大于5;生物半减期≥4h小于40h	生物半减期<4h	1

注:1. 急性毒性分级指标以急性吸入毒性和急性经皮毒性为分级依据。无急性吸入毒性数据的物质,参照急性经口毒性分级。无急性经皮毒性数据,且不经皮吸收的物质,按轻微危害分级;无急性经皮毒性数据,但可经皮肤吸收的物质,参照急性吸入毒性分级。

2. 强、中、轻和无刺激作用的分级依据GB/T 21604和GB/T 21609。

3. 缺乏蓄积性、致癌性、致敏性、生殖毒性分级有关数据的物质的分项指标暂按极度危害赋分。

4. 工业使用在5年内的新化学品,无实际危害后果资料的,该分项指标暂按极度危害赋分;工业使用在5年以上的物质,无实际危害后果资料的,该分项指标按轻微危害赋分。

5. 一般液态物质的吸入毒性按蒸气类划分

在风险评价中进行物质危险性识别时,还应对项目所涉及的原料、辅料、中间产品、产品及废物等物质,凡属于有毒物质(极度危害、高度危害)、强反应或爆炸物、易燃物的均需列表说明其物理化学和毒理学性质、危险性类别、加工量、储量及运输量等。

【例3-1】 某油库其储油品种主要为石脑油、煤油和柴油,在风险评价中对油品的危险性分析见表3-5、表3-6。

表3-5 油品理化性质

| 化学品名称 | 外观及气味 | 相对密度（水=1） | 沸点/℃ | 自燃温度/℃ | 闪点/℃ | 爆炸极限/% | | 分类及编号 | 火灾危险性类别 |
						下限	上限		
石脑油	无色或淡黄色易挥发液体，具有特殊气味	0.78~0.97	20~160	415~530	−2	1.1	8.7	GB 3.1类低闪点易燃液体 31001	甲类
煤油	无色或淡黄色液体或略带臭味	0.8~1.0	175~325	210	≥40	1.2	6.0	GB 3.3类高闪点易燃液体 33501	乙类
柴油	深蓝色或蓝黑色液体、有臭味	0.8~0.86			≥55			GB 3.3类高闪点易燃液体	乙类

表3-6 油品对人体的健康危害、急救措施及毒性分级表

危险化学品名称	中毒途径	毒性分级	健康危害	急救措施
石脑油	吸入、食入、经皮肤吸收	IV	急性中毒：对中枢神经系统有麻醉作用。轻度中毒症状有头晕、头痛、恶心、呕吐、步态不稳、心动过速；高浓度吸入出现中毒性脑病。极高浓度吸入引起意识突然丧失、反射性呼吸停止，液体吸入呼吸道可引起吸入性肺炎。溅入眼内可致急性皮炎，甚至灼伤。吞咽引起急性胃肠炎，重者可引起肝、肾损害。慢性中毒：神经衰弱综合征、植物神经功能紊乱，周围神经病。严重中毒出现中毒性脑病。症状类似精神分裂症。皮肤损害。	皮肤接触：立即脱去被污染衣着，用肥皂水和清水彻底冲洗皮肤，就医眼睛接触：立即提起眼睑，用大量流动清水或生理盐水彻底冲洗至少15min，就医吸入：迅速脱离现场至空气新鲜处，保持呼吸道通畅。立即进行人工呼吸，就医食入：用牛奶或用植物油洗胃和灌肠，就医

续表

危险化学品名称	中毒途径	毒性分级	健康危害	急救措施
煤油	吸入、食入、经皮肤吸收	IV	煤油的毒性与汽油相似,但对皮肤黏膜的刺激性较强。煤油中含有环烷烃和芳香烃,毒性更大。家兔经口 LD_{50} 为 28g/kg。人最大耐受浓度为 15g/m³ (10~15min)。成年人经口最小致死量估计为 100ml	皮肤接触:立即脱去被污染的衣着,用肥皂水和清水彻底冲洗皮肤,就医 眼睛接触:立即提起眼睑,用大量流动清水或生理盐水彻底冲洗至少 15min,就医 吸入:迅速脱离现场至空气新鲜处,保持呼吸道通畅。立即进行人工呼吸,就医 食入:用牛奶或用植物油洗胃和灌肠,就医
柴油	吸入、食入、经皮肤吸收	IV	皮肤接触为主要吸收途径,可致急性肾脏损害;可引起接触性皮炎、油性痤疮。吸入其雾滴或呛入液体可引起吸入性肺炎。能经胎盘进入胎儿血中。柴油废气可引起眼鼻刺激症状,头晕及头痛。	皮肤接触:立即脱去被污染的衣着,用肥皂水和清水彻底冲洗皮肤,就医 眼睛接触:立即提起眼睑,用大量流动清水或生理盐水彻底冲洗至少 15min,就医 吸入:迅速脱离现场至空气新鲜处,保持呼吸道通畅。立即进行人工呼吸,就医 食入:用牛奶或用植物油洗胃和灌肠,就医

【分析】 上面只是物质危险性识别的一个实例,在环境风险评价中进行物质危险性识别时,应全面从以下几个方面进行识别。

(1) 物质的化学名称、化学式。

(2) 物质的物理性质

包括沸点、熔点、相对密度(水＝1)、水中溶解度、蒸气压、蒸气/空气混合物的相对密度(空气＝1)、闪点、自燃温度、爆炸极限等。

(3) 物质在正常使用、储存状态下的物理状态及物理危险性、化学危险性。

(4) 物质可能存在的急性危害/接触类型及症状

具体包括：

① 火灾危害

a. 根据《危险化学品重大危险源辨识》（GB 18218—2009）：

极易燃：指闪点<0℃和初沸点≤35℃的液体。

高度易燃：指闪点<23℃，但不是极易燃物质。

易燃的：指 23℃≤闪点<61℃的液体。

b. 根据消防工程设计及应用，根据闪点的不同将可燃液体为了三大种类。即：

甲类液体：闪点≤28℃的液体（如原油、汽油等）。

乙类液体：28℃≤闪点<60℃的液体（如喷气燃料、灯用煤油）。

丙类液体：闪点>60℃以上的液体（如重油、柴油、润滑油等）。

② 爆炸危害

a. 蒸气/空气混合物爆炸：指易燃气体和闪点小于 21℃的液体。在环境温度下气体/液体释放形成的气体/蒸气/空气混合物有巨大爆炸危险。

b. 可能形成爆炸性蒸气/空气混合物：指闪点在 21～100℃的物质。

c. 微细分散的颗粒物在空气中形成爆炸性混合物：指可能发生粉尘爆炸的场合，可燃液体的烟雾通常也是爆炸性的。

③ 毒性及健康危害

列出毒理学资料、接触限值。毒理学资料如急性毒性、长期毒性、遗传毒性、致癌与生殖毒性及刺激性数据等。接触限值包括时间加权平均容许浓度（permissible concentration-time weighted average，PC-TWA）、短时间接触容许浓度（permissible concentration-short term exposure limit，PC-STEL）和最高容许浓度（maximum allowable concentration，MAC）等。时间加权平均容许浓度是指以时间为权数规定的 8h 工作日、40h 工作周的平均容许接触浓度。短时间接触容许浓度是指在遵守 PC-TWA 前提下容许短时间（15min）接触的浓度。最高容许浓度是指工作地点、在一个工作日内、任何时间有毒化学物质均不应超过的浓度。

（5）储存条件及要求。

（6）运输包装及标志。

2. 生产设施危险源辨识基本内容

对项目主要生产装置、储运系统、公用和辅助工程，逐一划分功能单元，分别进行重大危险源判定。

（1）生产装置

生产装置包括生产流程中各种生产加工设备、装置。

（2）公用工程系统

公用工程系统包括生产运行中的公用辅助系统，如蒸汽、气、水、电、脱盐水站等单元。

（3）储存运输系统

储存运输系统包括原料、中间体、产品的运输及储槽、罐、仓库等。

（4）生产辅助系统

生产辅助系统包括机械、设备、仪表维修及分析化验等。

（5）环保工程设施

环保工程设施包括废气、废水、固体废物、噪声等处理处置设施等。

【例 3-2】　某油库共分为储油区、油品装卸区、辅助生产区和行政管理区。储油区位于该油库西部，卸油区、油泵房和装车台位于油库东部，办公楼位于油库东南部。其生产设施的风险如下。

（1）储罐区

油库储存区共有 10 座立式油罐，设在 1 个防火堤内，有 3 个卧罐。8#、9#、10# 罐为内浮顶罐，储罐直径（D）为 18m，罐壁高（H）为 13.4m，罐容量为 3000m³/座，储存 90# 汽油，储罐之间距离为约 11m，储罐至防火堤的距离约 14m。储罐区的储存能力达 18150m³，属于重大危险源。泄漏、雷电等均可能引发燃烧爆炸事故，是本项目设施中最大的危险源，也是本项目环境风险评价的重点。

（2）油品装卸区

油品装卸区主要包括油泵房、装车台、卸油泵房、变配电车间以及消防泵房，这些单元都有可能因为管道泄漏、雷电等原因引起火灾和爆炸。

（3）码头

装载成品油槽船卸船时，泄漏或产生静电都易引发火灾、爆炸事故。码头的防雷接地设施若失效，直击雷放电、二次放电、球雷侵入、雷电流转化的高温等均可能引起油品发生火灾、爆炸事故。

本项目生产设施的风险识别如表 3-7 所示。

表 3-7　危险场所及主要危险有害因素表

危险场所	主要有害因素
储罐区	火灾、爆炸、高处坠落、中毒和窒息、高温作业危害
油泵房	火灾、爆炸、机械伤害、触电
装车台	火灾、爆炸、高处坠落、车辆伤害
卸油泵房	火灾、爆炸、机械伤害
变配电间	触电
消防泵房	机械伤害、触电

【分析】　在进行危险、有害因素的识别时，应全面、有序地进行识别。为防止出现漏项，宜按厂址、总平面布置、厂内运输、建构筑物、生产工艺、物流、主要生产装置等方面进行。

（1）厂址

从厂址的工程地质、地形地貌、水文、气象条件、周围环境、交通运输条件、自然灾害、消防等方面进行分析、识别。

（2）总平面布置

从功能分区、防火间距和安全间距、风向、建筑物朝向、危险化学品仓库、动力设施（氧气站、乙炔气站、压缩空气站、锅炉房、液化石油气站等）、道路、储运等方面进行分析、识别。

（3）厂内运输

从运输、装卸、消防、疏散、人流、物流、平面交叉运输和竖向交叉运输等几方面进行分析、识别。

（4）工艺过程

① 描述项目工艺流程、反应过程、重要装置设备位置、总体平面布置，包括储运。

② 划分项目功能系统。

根据化工、石化企业安全评价要求及一般工艺工序特点，功能系统划分为：生产运行系统、公用工程系统、储存运输系统、生产辅助系统、环境保护系统、安全消防系统、工业卫生系统（工业卫生管理、医疗救护、劳防用品等）。

③ 划分子系统。

将每一功能系统划分为若干子系统，每一子系统首先要包括一种危险物的主要储存容器或管道，其次要设有边界，在泄漏事故中有单一信号遥控的自动关闭阀隔开。

④ 划分单元。

根据工艺或评价需要可进一步划分为单元。如生产运行系统中的子系统，可进一步划分为机、器、釜、槽、池、炉、泵、塔、管线、阀门等单元。

四、风险类型

根据引起有毒有害物质向环境扩散的事故起因，将风险类型分为火灾、爆炸和毒物泄漏三种。

1. 火灾

火灾有以下四种类型。

（1）池火（pool fire）

可燃液体泄漏后留到地面形成液池，或流到水面并覆盖水面，遇到火源燃烧而形成池火。

（2）喷射火（jet fire）

加压可燃物质泄漏时形成射流，在泄漏口处点燃，由此形成喷射火。

（3）火球（fire ball）和气爆

沸腾液体的气爆是由于火种作用于过热的压力容器，增加了内压，使容器外壳强度减弱，直至爆炸，释放出内容物形成一个强大的火球。

（4）突发火（flash fire）

泄漏的可燃气体，液体蒸发的蒸气在空气中扩散，遇到火源发生突然燃烧而未爆炸，不造成冲击波损害的弥散气雾的延迟燃烧。

一般情况下，起火后如不及时扑救，火场逐渐蔓延扩大，随着时间的延续，损失数量迅速增长，损失大约与时间的平方成比例，如火灾时间延长一倍，损失可能增加四倍。

2. 爆炸

物质由一种状态迅速地转变为另一种状态，并瞬间以机械功的形式放出大量能量的现象，称为爆炸。爆炸时由于压力急剧上升而对周围物体产生破坏作用，爆炸的特点是具有破坏力、产生爆炸声和冲击波。常见的爆炸又可分为物理性爆炸和化学性爆炸两类。

3. 毒物泄漏

由于各种原因，有毒化学物质以气态或液态释放或泄漏至环境中，在其迁移过程中，大多数情况下，其初期影响仅限于工厂范围内，其评价属于安全评价。后期进入环境才成为风险评价的主要考虑内容。

第三节
重大危险源辨识

一、重大危险源识别

重大危险源是指能导致重大事故发生的危险因素，具有伤亡人数众多、经济损失严重、社会影响大的特征。重大危险源辨识应从是否存在一旦发生泄漏可能导致火灾、爆炸和中毒等重大危险物质出发进行分析。目前，国际上是根据危险、有害物质的种类及其限量来确定重大危险、有害因素的。我国制定的《危险化学品重大危险源辨识》（GB 18218—2009）中，列出多种危险、有害物质及其限量。

二、重大危险源辨识方法

通过对企业基础资料的调查与收集，可以对企业内危险化学品的生产、储存、使用或处置情况有了初步了解，在此基础上，辨识出企业内的重大危险源。将至少应包括一个（套）危险物质的主要生产装置、设施（储存容器、管道等）及环保处理设施，或同属一个工厂且边缘距离小于500m的几个（套）生产装置、设施视为一个功能单元。凡生产、加工、运输、使用或储存危险性物质，且危险性物质的数量等于或超过临界量的功能单元，定为重大危险源。

危险物名称及临界量主要参考《建设项目环境风险评价技术导则》附录表2、表3和表4和《危险化学品重大危险源辨识》（GB 18218—2009）（具体见附录一和附录二）。应用时应注意，《建设项目环境风险评价技术导则》附录表2~4的临界量是区分生产场所和储存场所的，而《危险化学品重大危险源辨识》（GB 18218—2009）没有生产场所与储存场所之间临界量的区别；当同一物质出现有不同要求的临界量时，取较严格地进行重大危险源计算。部分危险物名称及临界量举例见表3-8。

表3-8　危险物名称及临界量

物质名称	生产场所临界量/t	储存场所临界量/t	危险特性
氨	40	100	有毒物质 HJ/T 169—2004
	10	10	毒性气体 GB 18218—2009

续表

物质名称	生产场所临界量/t	储存场所临界量/t	危险特性
氯	10	25	有毒物质 HJ/T 169—2004
	5	5	毒性气体 GB 18218—2009
苯	20	50	有毒物质 HJ/T 169—2004
	50	50	易燃液体 GB 18218—2009
甲醇	2	20	易燃物质 HJ/T 169—2004
	500	500	易燃液体 GB 18218—2009
天然气	1	10	易燃物质 HJ/T 169—2004
	50	50	易燃气体 GB 18218—2009
硝酸铵	25	250	爆炸性物质 HJ/T 169—2004
	5	5	爆炸品 GB 18218—2009
二甲苯	40	100	有毒物质 HJ/T 169—2004
	5000	5000	23℃≤闪点<61℃ 易燃液体 GB 18218—2009

单元内存在的危险化学品为单一品种，则该危险化学品的数量即为单元内危险化学品的总量，若等于或超过相应的临界量，则定为重大危险源。

单元内存在的危险化学品为多品种时，则按下式进行计算，若计算结果满足≥1，则定为重大危险源：

$$\frac{q_1}{Q_1} + \frac{q_2}{Q_2} + \cdots + \frac{q_n}{Q_n} \geqslant 1 \qquad (3-2)$$

式中　q_1，q_2，$\cdots$，q_n——每种危险化学品实际存在量，t；

　　　Q_1，Q_2，$\cdots$，Q_n——与各危险化学品相对应的临界量，t。

辨识的结果可以用表格方式来进行统计，参考表 3-9。

表 3-9　企业重大危险源辨识统计表（样表）

序号	企业名称	重大危险源名称	危险化学品名称、容积或储量	危险化学品临界量	所处位置或场所

三、重大危险源危险性分析

在对企业内生产、储存、使用或处置的危险化学品的种类、数量进行统计分析，并进行重大危险源辨识的基础上，从物质危险性、工艺过程及设备设施危险性等方面，对构成重大危险源的装置或设施的主要危险性进行分析。将生产、储存、使用或处置的危险化学品进行归并，综合其数量和危险特性，统计出企业内的主要危险化学品，并将其危险特定填入表 3-10。

表 3-10　主要危险化学品危险特定表（样表）

序号	危险化学品名称	爆炸极限/%（体积）	火灾危险性类别	爆炸危险性		车间最高容许浓度	自燃温度/℃	闪点/℃
				组别	类别			

然后根据各装置内主要危险化学品特性，结合装置或设施的特点，对各装置或设施的主要危险性进行分析，将分析结果填入表 3-11。

表 3-11 某企业重大危险源主要危险分布一览表（样表）

重大危险源名称	主要危险部位	危险物料	主要危险或事故类型

第四节
风 险 分 析

风险分析是在风险识别的基础上，对主要危险源作进一步分析。在环境风险评价包括源项分析和后果计算，在安全风险评价中称脆弱性分析。

一、建设项目环境风险评价的风险分析

环境风险评价中的风险分析主要是筛选出最大可信事故，并确定最大可信事故的发生概率、危险物泄漏量（泄漏速率）等源项参数，并通过后果计算来计算、评价事故对环境的影响。

分析方法可分为定性分析方法和定量分析方法。定性分析方法包括类比法、加权法、因素图法等，首推类比法。定量分析法包括道化学火灾公式、爆炸危险指数法（七版）、事件树分析法、事故树分析法等。

1. 源项分析

（1）最大可信事故

最大可信事故是指在所有预测的概率不为零的事故中，对环境（或健康）危害最严重的重大事故。

根据清单，采用事件树、事故树分析法或类比法，分析各功能单元可能发生的事故，确定其最大可信事故和发生概率，其中类比

法应用较多。

① 类比法 由于事故的诱发因素较多，事故发生具有较强的不可预见性和不确定性，因此通过类比同类行业的事故资料，来识别主要危险源，筛选最大可信事故并确定其发生概率，是一种重要、实用的方法。

② 事件树、事故树分析法 事件树分析（event tree analysis，ETA）起源于决策树分析，它是一种按事故发展的时间顺序由初始事件开始推论可能的后果，从而进行危险源辨识的方法。

事故树分析（fault tree analysis，FTA），一种特殊的倒立树状逻辑因果关系图，它是一种演绎分析方法，是从一个可能的事故开始一层一层地逐步寻找引起事故的初始事件、直接原因和间接原因，并分析这些事故原因之间的相互逻辑关系，用逻辑树图把这些原因以及它们的逻辑关系表示出来。对于具体问题，根据危险源辨识结果及事故场景分析方法，建立事故树图。

事件树和事故树也是概率分析中常用的两种方法，可用于定性分析，如果有足够的数据支持也可进行定量分析。在实际环境风险评价过程中，事件树和事故树分析难度较大。

（2）危险化学品泄漏量计算

由于最大可信事故类型各异，同一类型的事故实际可能发生的危险物泄漏量也千差万别，因此在环境风险评价中通常主要考虑一些典型设备损坏情况下的泄漏量。根据各种设备泄漏情况分析，可将工厂（特别是化工厂）中易发生泄漏的设备归纳为以下 10 类：管道、挠性连接器、过滤器、阀门、压力容器或反应器、泵、压缩机、储罐、加压或冷冻气体容器及火炬燃烧装置或放散管等。

危险化学品的泄漏量计算包括确定泄漏时间，估算泄漏速率。泄漏量计算包括液体泄漏速率、气体泄漏速率、两相流泄漏、泄漏液体蒸发量计算。

① 液体泄漏速率 液体泄漏速度 Q_L 用柏努利方程计算：

$$Q_L = C_d A \rho \sqrt{\frac{2(p-p_0)}{\rho} + 2gh} \qquad (3-3)$$

式中 Q_L——液体泄漏速度，kg/s；

C_d——液体泄漏系数，此值常用 $0.6\sim0.64$；

A——裂口面积，m^2；

ρ——泄漏液体密度，kg/m^3；

p——容器内介质压力，Pa；

p_0——环境压力，Pa；

g——重力加速度；

h——裂口之上液位高度，m。

本法的限制条件：液体在喷口内不应有急剧蒸发。

② 气体泄漏速率 当气体流速在音速范围（临界流）：

$$\frac{p_0}{p} \leqslant \left(\frac{2}{\kappa+1}\right)^{\frac{\kappa}{\kappa+1}} \tag{3-4}$$

当气体流速在亚音速范围（次临界流）：

$$\frac{p_0}{p} > \left(\frac{2}{\kappa+1}\right)^{\frac{\kappa}{\kappa-1}} \tag{3-5}$$

式中 p——容器内介质压力，Pa；

p_0——环境压力，Pa；

κ——气体的绝热指数（热容比），即定压热容 C_p 与定容热容 C_v 之比。

假定气体的特性是理想气体，气体泄漏速度 Q_G 按式（3-6）计算：

$$Q_G = YC_dAp\sqrt{\frac{M_\kappa}{RT_G}\left(\frac{2}{\kappa+1}\right)^{\frac{\kappa+1}{\kappa-1}}} \tag{3-6}$$

式中 Q_G——气体泄漏速度，kg/s；

p——容器压力，Pa；

C_d——气体泄漏系数；当裂口形状为圆形时取 1.00，三角形时取 0.95，长方形时取 0.90；

A——裂口面积，m^2；

M——相对分子质量；

R——气体常数，J/(mol·K)；

T_G——气体温度，K；

Y——流出系数，对于临界流 $Y=1.0$ 对于次临界流按式 (3-7) 计算：

$$Y=\left[\frac{p_0}{p}\right]^{\frac{1}{\kappa}}\times\left\{1-\left[\frac{p_0}{p}\right]^{\frac{(\kappa-1)}{\kappa}}\right\}^{\frac{1}{2}}\times\left\{\left[\frac{2}{\kappa-1}\right]\times\left[\frac{\kappa+1}{2}\right]^{\frac{(\kappa+1)}{(\kappa-1)}}\right\}^{\frac{1}{2}}$$

(3-7)

③ 两相流泄漏　假定液相和气相是均匀的，且互相平衡，两相流泄漏计算按式(3-8)：

$$Q_{LG}=C_d A \sqrt{2\rho_m(p-p_C)}$$

(3-8)

式中　Q_{LG}——两相流泄漏速度，kg/s；

C_d——两相流泄漏系数，可取 0.8；

A——裂口面积，m^2；

p——操作压力或容器压力，Pa；

p_C——临界压力，Pa，可取 $p_C=0.55p$；

ρ_m——两相混合物的平均密度，kg/m^3，由式(3-9) 计算：

$$\rho_m=\frac{1}{\dfrac{F_V}{\rho_1}+\dfrac{1-F_V}{\rho_2}}$$

(3-9)

式中　ρ_1——液体蒸发的蒸气密度，kg/m^3；

ρ_2——液体密度，kg/m^3；

F_V——蒸发的液体占液体总量的比例，由下式计算：

$$F_V=\frac{C_p(T_{LG}-T_C)}{H}$$

(3-10)

式中　C_p——两相混合物的定压比热容，J/(kg·K)；

T_{LG}——两相混合物的温度，K；

T_C——液体在临界压力下的沸点，K；

H——液体的汽化热，J/kg。

当 $F_V>1$ 时，表明液体将全部蒸发成气体，这时应按气体泄漏计算；如果 F_V 很小，则可近似地按液体泄漏公式计算。

2. 后果计算

事故的后果计算考虑事故发生后对环境（自然环境——水体、大气、土壤、生物等和社会环境——人、财产等）最不利的影响。

（1）后果判断

① 泄漏物性质　泄漏一旦出现，其后果不仅与物质的数量、易燃性、毒性有关，而且与泄漏物质的相态、压力、温度等状态有关。这些状态可有多种不同的结合，在后果分析中，以下几类泄漏需要予以重视：

a. 常压液体（液体，环境压力及温度）。

b. 加压液化气体（液体，承受压力）。

c. 低温液化气体（液体，制冷的）。

d. 加压气体（气体，承受压力）。

e. 沸液膨胀蒸气爆炸。

f. 有毒有害物的混合体。

② 泄漏后果分析　如前所述，对涉及危险物的建设项目而言，主要事故后果是火灾、爆炸、泄漏三类，这三种风险类型又是相互渗透的，由一种类型引发其他类型，有时很难截然分开，如以泄漏为例。任何一种泄漏，因为诸多因素会产生许多种不同的后果。对其后果的判断采用"事故情况判断图"及四种"事故分析判断图""易燃气体分析判断图""毒性气体事故分析判断图""液体事故分析判断图""毒性液体事故分析判断图"。首先利用判断图进行选择判断，然后作进一步分析，确定其相应的计算模式。

（2）有毒有害物质在大气中的扩散

有毒有害物质在大气中的扩散，采用多烟团模式或分段烟羽模式、重气体扩散模式等计算。按一年气象资料逐时滑移或按天气取样规范取样，计算各网格点和关心点浓度值，然后对浓度值由小到大排序，取其累积概率水平为 95% 的值，作为各网格点和关心点的浓度代表值进行评价。

（3）有毒有害物质在水中的扩散

① 有毒物质在河流中的扩散预测　采用 HJ/T 2.3 推荐的地表水扩散数学模式。

② 有毒物质在湖泊中的扩散预测　采用 HJ/T 2.3 推荐的湖泊扩散数学模式。

（4）火灾、爆炸的后果计算

① 火灾事故后果　火灾事故损失通常通过单位表面积在接触时间内所受辐射热能量或者单位面积所受辐射功率的大小来表征。不同的燃烧方式有不同的计算模型。

a. 池火。池火的损害采用 TNDL（1979）标准的经验公式确定燃烧速度、辐射热和入射热。

b. 喷射火。喷射火的辐射热计算采用喷射扩散模式扩展进行。

c. 火球和气爆。火球和气爆的损害计算采用穆尔哈斯等人的经验公式，计算距火球中心某一距离的辐射通量、火球的最大半径和持续时间。

d. 突发火。突发火的损害影响采用气团扩散模式算出气雾的大小和浓度，要考虑不同燃烧时间、不同气象条件、不同风向和着火时间内气雾中的人数。

e. 火灾损失。在上述辐射能量计算基础上，根据经验，建立辐射通量与损失等级关系，以衡量损失的大小。

下面以最常见的池火为例，介绍火灾事故后果计算方法。

池火灾火焰的几何尺寸及辐射参数按如下步骤计算：

a. 燃烧速度的确定。当液池的可燃物的沸点高于周围环境温度时，液池表面上单位面积燃烧速度 $\dfrac{\mathrm{d}m}{\mathrm{d}t}$ 为：

$$\frac{\mathrm{d}m}{\mathrm{d}t} = \frac{0.001 H_c}{C_p(T_b - T_0) + H} \tag{3-11}$$

式中　$\dfrac{\mathrm{d}m}{\mathrm{d}t}$——单位表面积燃烧速度，$\mathrm{kg \cdot m^2/s}$；

H_c——液体燃烧热，$\mathrm{J/kg}$；

C_p——液体的定压比热容，J/kg·K；

T_b——液体沸点，K；

T_0——环境温度，K；

H——液体蒸发热，J/kg。

当液池中液体的沸点低于环境温度时，如加压液化或冷冻液化气，液池表面上单位面积的燃烧速度 $\dfrac{\mathrm{d}m}{\mathrm{d}t}$ 为

$$\frac{\mathrm{d}m}{\mathrm{d}t}=\frac{0.001H_c}{H} \tag{3-12}$$

b. 火焰高度的计算。设池火为一半径为 r 的圆池子，其火焰高度可按式(3-13)计算：

$$h=84r\left[\frac{\mathrm{d}m/\mathrm{d}t}{\rho_0(2gr)^{1/2}}\right]^{0.6} \tag{3-13}$$

式中　h——火焰高度，m；

　　　r——液池半径，m；

　　　ρ_0——周围空气密度，kg/m³；

　　　g——重力加速度，9.8m/s²；

　　$\dfrac{\mathrm{d}m}{\mathrm{d}t}$——燃烧速度，kg·m²/s。

c. 热辐射通量。当液池燃烧时放出得总热辐射通量为

$$Q=(\pi r^2+2\pi rh)\frac{\mathrm{d}m}{\mathrm{d}t}\eta H_c\Big/\left[72\frac{\mathrm{d}m^{0.61}}{\mathrm{d}t}+1\right] \tag{3-14}$$

式中　Q——总热辐射通量。W；

　　　η——效率因子，可取 0.13~0.35。其他符号意义同前。

d. 目标入射热辐射强度。

假设全部辐射热量由液池中心点得小球面辐射出来，则在距液池中心某一距离 x 处的入射热辐射强度为

$$I=\frac{Qt_c}{4\pi x^2} \tag{3-15}$$

式中　I——热辐射强度，W/m²；

Q——总热辐射通量，W；

t_c——热传导系数，此处取 1；

x——目标点到液池中心距离，m。

【例 3-3】　乙二醇、甲醇储罐池火计算。

可燃性液体泄漏后流到地面形成液池，或流到水面并覆盖水面，遇到引火源燃烧形成池火。

某项目储罐区的 $10000 m^3$ 乙二醇、$1000 m^3$ 甲醇储罐为重大危险源，假设储罐发生泄漏起火事故，利用池火灾计算模型对事故的后果进行计算分析。

① 燃烧速度的确定。当液池的可燃物的沸点高于周围环境温度时，液池表面上单位面积燃烧速度 $\dfrac{dm}{dt}$ 为：

$$\frac{dm}{dt} = \frac{0.001 H_c}{C_p(T_b - T_0) + H} \qquad ①$$

当液池中液体的沸点低于环境温度时，如加压液化或冷冻液化气，液池表面上单位面积的燃烧速度 $\dfrac{dm}{dt}$ 为

$$\frac{dm}{dt} = \frac{0.001 H_c}{H} \qquad ②$$

乙二醇液池的沸点高于周围环境温度，故使用式①进行计算。查得各个数据 $H_c = 281.9 kJ/mol = 4.54 \times 10^6 J/kg$

$$C_p = 2.35 \times 10^3 J/kg \cdot K$$

$$T_b = 470.65 K$$

$$T_0 = 279.15 K$$

$$H = 799.14 \times 10^3 J/kg$$

燃烧速度可算得 $\dfrac{dm}{dt} = 0.00363 kg \cdot m^2/s$

同时，燃烧速度也可从手册查得，表 3-12 列出了一些可燃液

体的燃烧速度。

表 3-12　可燃液体的燃烧速度

物质名称	汽油	柴油	原油	苯	甲苯	乙醚	甲醇
燃烧速度 $(10^{-3}\text{kg} \cdot \text{m}^2/\text{s})$	92～81	49.33	21.1	165.37	138.29	125.84	57.6

查表可知甲醇的燃烧速度 $\dfrac{\mathrm{d}m}{\mathrm{d}t}=0.0576\text{kg} \cdot \text{m}^2/\text{s}$

② 火焰高度的计算。

$$h=84r\left[\frac{\mathrm{d}m/\mathrm{d}t}{\rho_0(2gr)^{1/2}}\right]^{0.6} \qquad ③$$

$\rho_0=2.93\text{kg/m}^3$；$g=9.8\text{m/s}^2$；

乙二醇池面积 $=4850\text{m}^2$，折算半径 $=39.3\text{m}$；

甲醇池面积 $=2150\text{m}^2$，折算半径 $=26.2\text{m}$。

将已知数据代入公式得：

乙二醇火焰高度 $h=8.0879\text{m}$

甲醇火焰高度 $h=32.029\text{m}$。

③ 热辐射通量。当液池燃烧时放出得总热辐射通量为：

$$Q=(\pi r^2+2\pi rh)\frac{\mathrm{d}m}{\mathrm{d}t}\eta H_\mathrm{c}\bigg/\left[72\frac{\mathrm{d}m^{0.61}}{\mathrm{d}t}+1\right] \qquad ④$$

η 可取 $0.13\sim0.35$，取决于物质的饱和蒸汽压，

即 $\eta=0.27\text{p}^{0.32}$

乙二醇饱和蒸汽压取 6.21kPa，则 $\eta=0.27\text{p}^{0.32}=0.484$

甲醇饱和蒸汽压取 13.33kPa，则 $\eta=0.27\text{p}^{0.32}=0.618$

故 η 的值均取 0.35。

其他数据取之前算好的结果，

另外，甲醇 $H_\mathrm{c}=727\text{kJ/mol}=22.69\times10^6\text{J/kg}$

将已知条件代入式④得

乙二醇 $Q=1.18\times10^7\text{W}$

甲醇 $Q=339.66\times10^7\text{W}$

④ 目标入射热辐射强度。

$$I = \frac{Qt_c}{4\pi x^2} \qquad ⑤$$

为了查明其影响范围程度，取 $x=5$、10、15、20、25 代入式 ⑤计算其对应的 I 值。其计算结果如表 3-13 和表 3-14 所示。

表 3-13 乙二醇辐射热/距离表

距池中心/m	5	10	15	20	25
乙二醇辐射热 /(W/m^2)	37.6×10^3	9.39×10^3	4.18×10^3	2.35×10^3	1.50×10^3

表 3-14 甲醇辐射热/距离表

距池中心/m	5	10	15	20	25
甲醇辐射热/(W/m^2)	1.08×10^7	2.70×10^6	1.20×10^6	6.76×10^5	4.33×10^5
距池中心/m	35	40	45	50	55
甲醇辐射热/(W/m^2)	2.21×10^5	1.69×10^5	1.34×10^5	1.08×10^5	8.94×10^4
距池中心/m	100	200	300	400	500
甲醇辐射热/(W/m^2)	2.70×10^4	6.76×10^3	3.00×10^3	1.69×10^3	1.08×10^3

⑤ 火灾损失。火灾通过辐射热的方式影响周围环境，当火灾产生的热辐射强度足够大时，可使周围的物体燃烧或变形，强烈的热辐射可能烧毁设备甚至造成人员伤亡等。

火灾损失估算建立在辐射通量与损失等级的相应关系上的基础上，如表 3-15 所示。

表 3-15 不同入射通量造成伤害或损失的情况

入射通量 /(W/m^2)	对设备的损害	对人的伤害	乙二醇的距离(m)	甲醇的距离(m)
37.5×10^3	操作设备全部损坏	1%死亡 10s 100%死亡/1min	5.01	84.92
25×10^3	在无火焰、长时间辐射下，木材燃烧的最小能量	重大损伤 1/10s 100%死亡/1min	6.13	104.01

续表

入射通量 /(W/m²)	对设备的损害	对人的伤害	乙二醇的 距离(m)	甲醇的 距离(m)
12.5×10³	有火焰时,木材燃烧,塑料熔化的最低能量	1度烧伤 10s 1%死亡/1min	8.67	147.09
4.0×10³	无	20s 以上感觉疼痛,未必起泡	15.33	260.1
1.6×10³	无	长期辐射无不舒服感	24.23	411.12

由表 3-15 可知,对于乙二醇来说,距液池中心 5.01m 以内范围对设备、人体的伤害情况为:操作设备全部损坏,人 10s 内 1%死亡,1min 内 100%死亡;距液池中心 6.13m 处对设备、人体的伤害情况为:在无火焰、长时间辐射下,木材燃烧的最小能量,1/10s 内对人体有重大损伤,1min 之内 100%死亡;距液池中心 8.67m 处对设备、人体的伤害情况为:有火焰时,木材燃烧,塑料熔化的最低能量,10s 内造成 1 度烧伤,1min 之内 1%死亡;距液池中心 24.23m 以外对设备、人体无伤害情况。对于甲醇来说,距液池中心 84.92m 以内范围对设备、人体的伤害情况为:操作设备全部损坏,人 10s 内 1%死亡,1min 内 100%死亡;距液池中心 104.01m 处对设备、人体的伤害情况为:在无火焰、长时间辐射下,木材燃烧的最小能量,1/10s 内对人体有重大损伤,1min 之内 100%死亡;距液池中心 147.09m 处对设备、人体的伤害情况为:有火焰时,木材燃烧,塑料熔化的最低能量,10s 内造成 1 度烧伤 1min 之内 1%死亡;距液池中心 411.12m 以外对设备、人体无伤害情况。

② 爆炸事故后果 爆炸事故按爆炸性质可分为物理爆炸和化学爆炸。

物理爆炸就是物质状态参数(温度、压力、体积)迅速发生变化,在瞬间释放大量能量并对外做功的现象。其特点是在爆炸现象发生过程中，造成爆炸发生的介质的化学性质不发生变化，发生变化的仅是介质的状态参数。例如，锅炉、压力容器和各种气体或液化气体钢瓶的超压爆炸以及高温液体金属遇水爆炸等。

化学爆炸就是物质由一种化学结构迅速转变为另一种化学结构，在瞬间释放大量能量并对外做功的现象。如可燃气体、蒸气或粉尘与空气混合形成爆炸性混合物的爆炸。化学爆炸的特点是：爆炸发生过程中介质的化学性质发生了变化，形成爆炸的能源来自物质迅速发生化学变化时所释放的能量。化学爆炸有三个要素，即反应的放热性、反应的快速性和生成气体产物。作为重大事故后果分析，最重要的是可燃气体泄漏引起的开放空间蒸汽云爆炸。

发生爆炸时产生的环境危害主要是震荡作用、冲击波、碎片冲击和造成火灾等影响，爆炸是燃烧的极端形式，爆炸与燃烧的区别在于氧化速度的不同，由于燃烧速度快，热量来不及扩散，温度急剧上升，气体因高热而急剧膨胀而成为爆炸。爆炸对周围环境会造成严重的破坏。

爆炸破坏作用最大的是冲击波，冲击波是由压缩波叠加形成的，是波阵面以突进形式在介质中传播的压缩波。容器破裂时，容器内的高压气体大量冲出，使它周围的空气受到冲击而发生扰动，使其状态（压力、密度、温度等）发生突跃变化，其传播速度大于扰动介质的声速，这种扰动在空气中传播就成为冲击波。在离爆破中心一定距离的地方，空气压力会随时间迅速发生而悬殊的变化。开始时，压力突然升高，产生一个很大的正压力，接着又迅速衰减，在很短时间内正压降至负压。如此反复循环数次，压力渐次衰减下去。开始时产生的最大正压力即是冲击波波阵面上的超压 Δp。多数情况下，冲击波的伤害-破坏作用是由超压引起的。超压 Δp 可以达到数个甚至数十个大气压。冲击波超压对人体的损害效应如表 3-16 所示。

表 3-16　冲击波超压对人体的损害效应

超压/kPa	预期损害
0.69	小窗户损坏
1.035	玻璃损坏的典型压力
2.07	10％玻璃破裂
3.45	窗户损坏,房屋结构较小的破坏
4.83	对人可逆影响的上限
6.90	房屋部分损坏,金属板扭曲,玻璃碎片划伤
13.8	墙和屋顶部分坍塌
16.56	暴露人员的耳膜破裂
17.25	人员致死的临界量
20.7	钢结构建筑扭曲和基础位移
34.5	木结构断裂
69.0	几乎所有建筑坍塌,肺出血
138	直接冲击波造成 100％死亡

冲击波伤害-破坏作用准则有：超压准则、冲量准则、超压-冲量准则等。

超压准则认为，爆炸冲击波是否对目标造成伤害是由爆炸波超压唯一决定的，只有当爆炸冲击波超压大于某一临界值时，才会对目标造成一定伤害。理论和实践均表明冲击波破坏效应不仅与超压有关，还与超压持续时间有关。虽然超压准则没有考虑正相持续时间，但由于冲击波超压容易测量和估计，因此超压准则是衡量爆炸破坏效应最常用的准则。

冲量准则指爆炸冲击波能否对目标造成伤害，完全取决于爆炸冲击波冲量大小，若冲量大于临界值，则目标被破坏。但是，对于很小的超压，作用时间再长也不会产生任何伤害，可见，仅考虑冲量也不完全。

超压-冲量准则综合考虑超压和冲量两方面，若超压和冲量共同作用满足某一临界值，目标则被破坏。

爆炸事故后果可用直接估算损害等级法或 TNT 当量法进行估算。

TNT 是凝聚很高的爆炸药，TNT 炸药的数量可作为能量单位，每千克 TNT 可产生 452 万焦耳的能量，1 吨 TNT 相当于 4.52 千兆焦耳。TNT 当量是计算爆炸威力的一种标准，一般用于描述核弹威力，爆炸源可用点源描述。TNT 当量法将可燃物能量释放折合为能释放相同 TNT 炸药的量，利用 TNT 爆炸效应的实验数据预测可燃物爆炸效应，该方法结果直观、可靠。分析结果可用于危险分区，也可用于进一步计算伤害区域内的人员及其人员的伤害程度、破坏范围内物体损坏程度和直接经济损失，是应用最广泛的爆炸后果分析方法。

下面介绍蒸气云爆炸模型的 TNT 当量法后果计算。

当爆炸性气体储存在储槽内，一旦泄漏，遇到延迟点火则可能发生蒸气云爆炸，如果遇不到火源，爆炸性气体则将扩散并消失掉。用 TNT 当量法来预测其爆炸的严重程度。其原理为：假定一定百分比的蒸气云参与了爆炸，对形成冲击波有实际贡献，并以 TNT 当量来表示蒸气云爆炸的威力。其公式如下：

$$W_{TNT} = \frac{\beta \alpha W_f Q_f}{Q_{TNT}} \tag{3-16}$$

式中　W_{TNT}——蒸气云的 TNT 当量，kg；

　　　β——地面爆炸系数，取 $\beta = 1.8$；

　　　α——蒸气云爆炸的效率因子，取值范围为 $2\% \sim 20\%$，一般取 3% 或 4%；

　　　W_f——蒸气云中燃料的总质量：kg；

　　　Q_f——燃料的燃烧热，kJ/kg；

　　　Q_{TNT}——TNT 的爆炸热，为 $4120 \sim 4690$kJ/kg，一般取 4500kJ/kg。

爆炸涉及的总能量中仅小部分真正作用于爆炸，这一分数称为效率因子，该因子为爆炸后果分析中最重要也是最难准确获知的参数，对于多数脂肪烃，通常推荐值为 3%，含氧燃料趋向于高的，可达到 $16\% \sim 18\%$。部分常见化学物质的效率因子见表 3-17。

表 3-17　部分常见化学物质的效率因子

效率因子	化学物质
3%	甲烷、乙烷、丁烷、丙烷、戊烷、己烷、甲醇、乙醇、苯、甲苯、乙苯、二甲苯、甲胺、乙胺、丙烯、丁烯、水煤气、氢、一氧化碳、氰、萘、邻苯二甲酸酐、甲酸甲酯
6%	乙醚、乙烯、乙烯醚、二氧化碳、丙烯醛、亚硝酸乙酯、甲基乙烯酯、环己烷、环氧丙烷
19%	乙炔、丙炔、乙烯基乙炔、硝酸甲烷、硝酸乙酯、联氨

爆炸中心与给定超压间的距离可按下式计算：

$$x = 0.3967 W_{TNT}^{\frac{1}{3}} \exp[3.5031 - 0.7241\ln\Delta p + 0.0398(\ln\Delta p)^2] \tag{3-17}$$

式中　x——概率；

　　Δp——超压，psi（1psi=6.9kPa）。

用概率模型描述超压造成的轻、重伤及死亡情况，超压与致死的概率模型如下：

$$p_r = 2.47 - 1.37\ln\Delta p \tag{3-18}$$

式中　P_r——概率；

　　Δp——超压，psi。

根据超压-冲量准则和概率模型得到死亡半径公式：

$$R_{0.5} = 13.6\left(\frac{W_{TNT}}{1000}\right)^{0.37} \tag{3-19}$$

死亡率取 50%，可简化认为此半径内人员全部死亡，半径外无一人死亡。

财产损失半径为：

$$R = \frac{4.6 W_{TNT}^{\frac{1}{3}}}{\left[1 + \left(\frac{3175}{W_{TNT}}\right)^2\right]^{\frac{1}{6}}} \tag{3-20}$$

【例 3-4】　水煤气储罐蒸气云爆炸计算。

由于合成氨生产装置使用的原料水煤气为一氧化碳与氢气混合

物，具有低闪点、低沸点、爆炸极限较宽、点火能量低等特点，一旦泄漏，极具蒸气云爆炸概率。

某合成氨生产装置水煤气储罐 5500m³，储存量约 70%，若该储罐泄漏且遇明火发生爆炸，请对该爆炸事故进行后果分析。

若水煤气储罐因泄漏遇明火发生蒸气云爆炸，则其 TNT 当量计算为

取地面爆炸系数：$\beta=1.8$；

蒸气云爆炸 TNT 当量系数，$\alpha=4\%$；

蒸气云爆炸燃烧时燃烧掉的总质量，

$W_f=5500\times0.73\times0.7=2810$（kg）；

水煤气的燃烧热，以 CO 30%、H_2 43% 计（氢为 1427700kJ/kg，一氧化碳为 10193kJ/kg）：取 $Q_f=616970kJ/kg$；

TNT 的爆炸热，取 $Q_{TNT}=4500kJ/kg$。

将以上数据代入公式，得

$$W_{TNT}=\frac{1.8\times0.04\times2810\times616970}{4500}=27739（kg）$$

$$死亡半径：R=13.6\left(\frac{W_{TNT}}{1000}\right)^{0.37}$$
$$=13.6\times27.74^{0.37}$$
$$=13.6\times3.42$$
$$=46.5（m）$$

（5）伴生/次生风险的影响

次生环境风险（Secondary environmental risk），是指某个危险源在其发生、传递、危害、控制的全过程中，可能会诱发其他危险源发生事故，或者在传递或受控制的阶段发生污染性质的变化，以一种新的方式构成危害，这类间接的环境风险定义为次生环境风险。

次生环境风险影响分析是风险评价实际工作中的难点所在，一度成为环境风险评价的盲区。根据《关于进一步加强环境影响评价管理防范环境风险的通知》（环发［2012］77 号文）要求：环境风

险预测设定的最大可信事故应包括项目施工、营运等过程中生产设施发生火灾、爆炸，危险物质发生泄漏等事故，并充分考虑伴生/次生的危险物质等。进行建设项目的环境风险评价时应特别注意分析伴生/次生的危险物质的影响。

次生风险识别的重点是明确次生事故的诱发机制和控制节点、作用通路和范围，方法上可以基于已有的环境风险识别方法。化工类项目环境风险的类型主要为火灾、爆炸和泄漏三种类型。

二、安全风险评价的脆弱性分析

安全风险评价的风险分析称作脆弱性分析。脆弱性分析的主要内容是明确一旦发生事故后哪些区域更容易受到影响。事故影响范围内的脆弱性目标包括人员、财产、生态环境三类。

确定事故潜在影响区域的有效方法是后果分析。通过危险源辨识，在确认可能的事故情况后，可采用事故后果模型计算评价事故的后果，即基于各种事故后果伤害模型和伤害准则，通过事故后果模型得到热辐射、冲击波超压或毒物浓度等随距离变化的规律，然后与相应的伤害准则进行比较，得出事故后果影响的范围，以及事故发生后能够造成人员伤亡、财产损失和环境破坏等多种结果。后果分析主要是评价各种事故发生后造成的后果，并转换为相同的危害指标。后果分析具体包括：

① 对潜在事故情景的描述（容器破裂、管道破裂、安全阀失灵等）。

② 危险物质泄漏量的计算（有毒、易燃、爆炸）。

③ 危险物质泄漏后扩散计算。

④ 事故后果影响的评估（毒性、热辐射、爆炸冲击波）。

脆弱性分析一般包括以下两个步骤：

① 脆弱区范围的确定：根据各自事故后果模型，用一定范围内的爆炸冲击波超压、热辐射通量、毒物浓度等参数表示事故

后果。

② 脆弱性目标的确定：把计算出的事故后果度量参数与伤害标准结合，从而分析每种事故后果对人员、财产和环境的影响程度。

第五节
风险计算和风险评估

风险计算是计算出风险值，风险评价是根据计算出的风险值对危险源可能发生事故的后果严重程度和可能性进行综合描述。通过风险评估，可以明确应急对象，使应急预案能够针对风险最大的事故进行处置。

一、风险计算

1. 风险值

风险值是风险评价表征量，包括事故的发生概率和事故的危害程度。定义为：

$$风险值\left(\frac{后果}{时间}\right)=概率\left(\frac{事故数}{单位时间}\right)\times危害程度\left(\frac{后果}{每次事故}\right)$$

2. 风险计算

后果综述用图或表综合列出有毒有害物质泄漏后所造成的多种危害后果。

最大可信灾害事故对环境所造成的风险 R 按下式计算：

$$R = PC \tag{3-21}$$

式中　R——风险值；

　　　P——最大可信事故概率（事件数/单位时间）；

　　　C——最大可信事故造成的危害（损害/事件）。

风险评价需要从各功能单元的最大可信事故风险 R_i 中，选出危害最大的作为本项目的最大可信灾害事故，并以此作为风险可接

受水平的分析基础。即

$$R_{\max} = f(R_{\mathrm{j}}) \tag{3-22}$$

二、风险评估

1. 风险评估原则

① 大气环境风险评价，首先计算浓度分布，然后按标准 GBZ 2.1—2007《工作场所有害因素职业接触限值化学有害因素》规定的短时间接触容许浓度给出该浓度分布范围及在该范围内的人口分布。

② 水环境风险评价，以水体中污染物浓度分布、包括面积及污染物质质点轨迹漂移等指标进行分析，浓度分布以对水生生态损害阈作比较。

③ 对以生态系统损害为特征的事故风险评价，按损害的生态资源的价值进行比较分析，给出损害范围和损害值。

④ 鉴于目前毒理学研究资料的局限性，风险值计算对急性死亡和非急性死亡的致伤、致残、致畸、致癌等慢性损害后果目前尚不计入。

2. 风险评估

（1）风险可接受水平分析方法

风险可接受分析采用最大可信灾害事故风险值 $R_{\max}$ 与同行业可接受风险水平 R_{L} 比较：

$R_{\max} \leqslant R_{\mathrm{L}}$ 则认为本项目的建设，风险水平是可以接受的。

$R_{\max} > R_{\mathrm{L}}$ 则对该项目需要采取降低安全的措施，以达到可接受水平，否则项目的建设是不可接受的。

（2）风险水平

可接受风险水平是根据历史的统计数据计算出来的，作为未来风险的准则，需要假定计算风险的条件仍适用于未来。

环境风险事故具有一定程度的不确定性。事故发生的条件有很多，事故发生的天气条件千差万别，具有极大的不确定性，发生事故的排放强度有多种可能。这样对风险事故的后果预测就存在着极大的才确定性。

风险的单位多采用"死亡人数/年"。安全和风险是相伴而生的，风险事故的发生频率不可能为零。通常事故危害所至风险水平可分为最大可接受风险水平和可忽略水平。

在工业和其他活动中，各种风险水平及其可接受程度如表3-18所示，一般而言，环境风险值的可接受程度，对有毒有害工业来说，以自然灾害风险值即 10^{-6} 人/a 为背景值。

表3-18　各种风险水平及其可接受程度

风险值数量级 （死亡人数/a）	危险性	可接受程度
10^{-3}	损伤危险性特别高,相当于人的自然死亡率	不可接受
10^{-4}	操作危险性中等	必须立即采取措施改进
10^{-5}	与游泳事故和煤气中毒事故属同一量级	人们对此关心,愿采取措施预防
10^{-6}	相当于地震和天灾的风险	人们并不关心这类事故发生
$10^{-7} \sim 10^{-8}$	相当于陨石坠落伤人	无人愿为此类事故投资加以预防

法国炼油厂的灾难性事故的可接受上限为 $10^{-4}/a$。英国健康和安全部门规定，飞机坠毁和泰晤士河洪水泛滥的概率应小于 $1 \times 10^{-3}/a$，最好小于 $2 \times 10^{-4}/a$。对于不可控制的释放大量放射性物质到环境中的核事故，$1 \times 10^{-4}/a$ 概率是可以接受的，但应继续努力进一步降低其危害。故一般而言，风险值 $10^{-4}/a$ 可作为最大可接受风险值标准。各具体行业更客观的最大可接受风险值待进一步的统计调研确定。可参考表3-19。

表3-19　国内部分企业事故死亡率

类型	死亡数/a	备注
工矿企业	1.41×10^{-4}	1997～1998
石油化工	0.40×10^{-4}	1983～1997

续表

类型	死亡数/a	备注
化工	1.12×10^{-4}	1980 年
	8.33×10^{-5}	目前
上海工矿企业	0.59×10^{-4}	1997~1998

第六节
企业突发环境事件风险评估

一、企业突发环境事件风险评估适用范围

企业突发环境事件风险评估适用于已建成投产或处于试生产阶段的可能发生突发环境事件的企业进行环境风险评估。评估对象为生产、使用、存储或释放涉及（包括生产原料、燃料、产品、中间产品、副产品、催化剂、辅助生产物料、"三废"污染物等）甲醛、四氯化碳、1,2,3-三氯代苯等 310 种（详见《企业突发环境事件风险评估指南（试行）》附录 B）环境风险物质以及其他可能引发突发环境事件的化学物质的企业。

该风险评估方法不适用于以下情况：

① 涉及核设施与加工放射性物质的单位。

② 从事危险废物收集、储存、利用、处置经营活动的单位。

③ 从事危险化学品运输的车辆或单位。

④ 尾矿库。

⑤ 石油天然气开采设施。

⑥ 军事设施。

⑦ 石油天然气长输管道、城镇燃气管道。

⑧ 加油站、加气站。

⑨ 港口、码头。

二、企业突发环境事件风险评估程序

企业突发环境事件风险评估方法的评估程序包括资料准备与环境风险识别、可能发生突发环境事件及其后果分析、现有环境风险防控和环境应急管理差距分析、制订完善环境风险防控和应急措施的实施计划、划定突发环境事件风险等级五个步骤。

① 资料准备与环境风险识别，是对企业涉及环境风险物质及其数量、环境风险单元及现有环境风险防控与应急措施、周边环境风险受体、现有应急资源等环境风险要素的全面梳理，是风险评估的基础。

② 可能发生的突发环境事件及其后果情景的分析，是将步骤①中识别的潜在风险与所有可能的突发环境事件情景及其后果联系起来。这是风险评估的核心，也是解决预案针对性和实用性的关键。

③ 结合风险因素和可能的事件，分析现有环境风险防控与环境应急措施。这是风险评估的重要环节，也是企业排查环境安全隐患，提高预案可操作性的前提。

④ 针对上述问题，制订完善环境风险防控和应急措施的实施计划，是风险评估的主要目的，也是提高企业环境风险防控及应急响应水平，降低突发环境事件发生概率与危害程度的实现途径。

⑤ 划定企业环境风险等级，可用于完善区域环境应急预案及企业实行差别化管理，也可用于企业的横向对比，提高其重视程度。上述五个步骤相互关联，紧密衔接，缺一不可。

企业的环境风险评估报告可按照《评估指南》附录 D 的《报告编制大纲》的要求进行编写。

三、企业突发环境事件风险评估内容

1. 资料准备与环境风险识别

在收集相关资料的基础上，开展环境风险识别。环境风险识别对象包括：

① 企业基本信息。

② 周边环境风险受体。

③ 涉及环境风险物质和数量。

④ 生产工艺。

⑤ 安全生产管理。

⑥ 环境风险单元及现有环境风险防控与应急措施。

⑦ 现有应急资源等。

综合考虑环境风险企业、环境风险传播途径及环境风险受体，按照《评估指南》的附录 A 中 A.1 至 A.3 的要求，对上述②至⑥并进行环境风险识别，并制作企业地理位置图、厂区平面布置图、周边环境风险受体分布图，企业雨水、清净下水收集和排放管网图，污水收集和排放管网图以及所有排水最终去向图，作为评估报告的附件。

（1）企业基本信息

列表说明以下内容。

① 企业基本情况信息：单位名称、组织机构代码、法定代表人、单位所在地、中心经度、中心纬度、所属行业类别、建厂年月、最新改扩建年月、主要联系方式、企业规模、厂区面积、从业人数等（如为子公司，还需列明上级公司名称和所属集团公司名称）。

② 地形、地貌（如在泄洪区、河边、坡地）、气候类型、年风向玫瑰图、历史上曾经发生过的极端天气情况和自然灾害情况（如地震、台风、泥石流、洪水等）。

③ 环境功能区划情况以及最近一年地表水、地下水、大气、土壤环境质量现状。

（2）现有应急资源情况

现有应急资源，指第一时间可使用的企业内部应急物资、应急装备和应急救援队伍情况，以及企业外部可以请求援助的应急资源，包括与其他组织或单位签订应急救援协议或互救协议情况等。

应急物资主要包括处理、消解和吸收污染物（泄漏物）的各种絮凝剂、吸附剂、中和剂、解毒剂、氧化还原剂等；应急装备主要包括个人防护装备、应急监测能力、应急通信系统、电源（包括应急电源）、照明等。

按应急物资、装备和救援队伍，分别列表说明下列内容：

名称、类型（指物资、装备或队伍）、数量（或人数）、有效期（指物资）、外部供应单位名称、外部供应单位联系人、外部供应单位联系电话等。

2. 可能发生的突发环境事件及其后果情景分析

（1）收集国内外同类企业突发环境事件资料

列表说明下列内容：

年份日期，地点，装置规模，引发原因，物料泄漏量，影响范围，采取的应急措施，事件损失，事件对环境及人造成的影响等。

（2）提出所有可能发生突发环境事件情景

结合同类企业突发的事件情景，列表说明并至少从以下几个方面分析可能引发或次生突发环境事件的最坏情景。

① 火灾、爆炸、泄漏等生产安全事故及可能引起的次生、衍生厂外环境污染及人员伤亡事故（例如，因生产安全事故导致有毒有害气体扩散出厂界，消防水、物料泄漏物及反应生成物，从雨水排口、清净下水排口、污水排口、厂门或围墙排出厂界，污染环境等）。

② 环境风险防控设施失灵或非正常操作（如雨水阀门不能正常关闭，化工行业火炬意外灭火）。

③ 非正常工况（如开、停车等）。

④ 污染治理设施非正常运行。

⑤ 违法排污。

⑥ 停电、断水、停气等。

⑦ 通信或运输系统故障。

⑧ 各种自然灾害、极端天气或不利气象条件。

⑨ 其他可能的情景。

（3）每种情景源项分析

针对上述提出的每种情景进行源项分析，包括释放环境风险物质的种类、物理化学性质、最小和最大释放量、扩散范围、浓度分布、持续时间、危害程度。

有关源项计算方法可参考《建设项目环境风险评价技术导则》（HJ/T 169—2004）。

（4）每种情景环境风险物质释放途径、涉及环境风险防控与应急措施、应急资源情况分析

对可能造成地表水、地下水和土壤污染的，分析环境风险物质从释放源头（环境风险单元），经厂界内到厂界外，最终影响到环境风险受体的可能性、释放条件、排放途径、涉及环境风险与应急措施的关键环节，需要应急物资、应急装备和应急救援队伍情况。

对于可能造成大气污染的，依据风向、风速等分析环境风险物质少量泄漏和大量泄漏情况下，白天和夜间可能影响的范围，包括事故发生点周边的紧急隔离距离、事故发生地下风向人员防护距离。

（5）每种情景可能产生的直接、次生和衍生后果分析

根据上述情景分析，从地表水、地下水、土壤、大气、人口、财产乃至社会等方面考虑并给出突发环境事件对环境风险受体的影响程度和范围，包括如需要疏散的人口数量，是否影响到饮用水水源地取水，是否造成跨界影响，是否影响生态敏感区生态功能，预估可能发生的突发环境事件级别等。

3. 现有环境风险防控与应急措施差距分析

根据上两步的分析，从以下五个方面对现有环境风险防控与应急措施的完备性、可靠性和有效性进行分析论证，找出差距、问题，提出需要整改的短期、中期和长期项目内容。

（1）环境风险管理制度

① 环境风险防控和应急措施制度是否建立，环境风险防控重

点岗位的责任人或责任机构是否明确，定期巡检和维护责任制度是否落实。

②　环境风险评价及批复文件的各项环境风险防控和应急措施要求是否落实。

③　是否经常对职工开展环境风险和环境应急管理宣传和培训。

④　是否建立突发环境事件信息报告制度，并有效执行。

（2）环境风险防控与应急措施

①　是否在废气排放口，废水、雨水和清洁下水排放口对可能排出的环境风险物质，按照物质特性、危害，设置监视、控制措施，分析每项措施的管理规定、岗位职责落实情况和措施的有效性。

②　是否采取防止事故排水、污染物等扩散、排出厂界的措施，包括截流措施、事故排水收集措施、清净下水系统防控措施、雨水系统防控措施、生产废水处理系统防控措施等，分析每项措施的管理规定、岗位职责落实情况和措施的有效性。

③　涉及毒性气体的，是否设置毒性气体泄漏紧急处置装置，是否已布置生产区域或厂界毒性气体泄漏监控预警系统，是否有提醒周边公众紧急疏散的措施和手段等，分析每项措施的管理规定、岗位责任落实情况和措施的有效性。

（3）环境应急资源

①　是否配备必要的应急物资和应急装备（包括应急监测）。

②　是否已设置专职或兼职人员组成的应急救援队伍。

③　是否与其他组织或单位签订应急救援协议或互救协议（包括应急物资、应急装备和救援队伍等情况）。

（4）总结历史经验教训

分析、总结历史上同类型企业或涉及相同环境风险物质的企业发生突发环境事件的经验教训，对照检查本单位是否有防止类似事件发生的措施。

（5）需要整改的短期、中期和长期项目内容

针对上述排查的每一项差距和隐患，根据其危害性、紧迫性和

治理时间的长短，提出需要完成整改的期限，分别按短期（3个月以内）、中期（3～6个月）和长期（6个月以上）列表说明需要整改的项目内容，包括：整改涉及的环境风险单元、环境风险物质、目前存在的问题（环境风险管理制度、环境风险防控与应急措施、应急资源）、可能影响的环境风险受体。

4. 完善环境风险防控与应急措施的实施计划

针对需要整改的短期、中期和长期项目，分别制订完善环境风险防控和应急措施的实施计划。实施计划应明确环境风险管理制度、环境风险防控措施、环境应急能力建设等内容，逐项制订加强环境风险防控措施和应急管理的目标、责任人及完成时限。

每完成一次实施计划，都应将计划完成情况登记建档备查。

对于因外部因素致使企业不能排除或完善的情况，如环境风险受体的距离和防护等问题，应及时向所在地县级以上人民政府及其有关部门报告，并配合采取措施消除隐患。

5. 划定企业环境风险等级

完成短期、中期或长期的实施计划后，应及时修订突发环境事件应急预案，并按照《评估指南》附录 A 划定或重新划定企业环境风险等级，并记录等级划定过程，包括：

① 计算所涉及环境风险物质数量与其临界量比值（Q）。

② 逐项计算工艺过程与环境风险控制水平值（M），确定工艺过程与环境风险控制水平。

③ 判断企业周边环境风险受体是否符合环境风险评价及批复文件的卫生或大气防护距离要求，确定环境风险受体类型（E）。

④ 确定企业环境风险等级，按要求表征级别。

第七节
企业突发环境事件风险等级划分

通过定量分析企业生产、加工、使用、存储的所有环境风险物质数量与其临界量的比值（Q），评估工艺过程与环境风险控制水平（M）以及环境风险受体敏感性（E），按照矩阵法对企业突发环境事件风险（以下简称环境风险）等级进行划分。环境风险等级划分为一般环境风险、较大环境风险和重大环境风险三个等级，分别用蓝色、黄色和红色标识。评估程序见图 3-1。

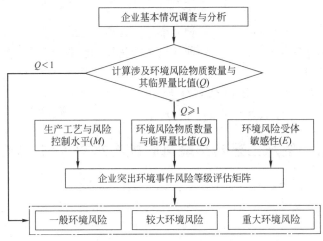

图 3-1　企业突发环境事件风险等级划分流程示意图

一、环境风险物质数量与临界量比值（Q）计算

针对企业的生产原料、燃料、产品、中间产品、副产品、催化剂、辅助生产原料、"三废"污染物等，列表说明下列内容：物质名称、化学文摘号（CAS 号）、目前数量和可能存在的最大数量，在正常使用和事故状态下的物理、化学性质，毒理学特性，对人体和环境的急性和慢性危害、伴生/次生物质，以及基本应急处置方法等，确定是否为环境风险物质。

计算所涉及的每种环境风险物质在厂界内的最大存在总量（如存在总量呈动态变化，则按公历年度内某一天最大存在总量计算；在不同厂区的同一种物质，按其在厂界内的最大存在总量计算）与其对应的临界量的比值 Q。

① 当企业只涉及一种环境风险物质时，计算该物质的总数量与其临界量比值，即为 Q。

② 当企业存在多种环境风险物质时，则按式（3-23）计算物质数量与其临界量比值（Q）。

$$Q = \frac{q_1}{Q_1} + \frac{q_2}{Q_2} + \cdots + \frac{q_n}{Q_n} \tag{3-23}$$

式中 $q_1, q_2, \cdots, q_n$ ——每种环境风险物质的最大存在总量，t；

$Q_1, Q_2, \cdots, Q_n$ ——每种环境风险物质的临界量，t。

当 $Q < 1$ 时，企业直接评为一般环境风险等级，以 Q 表示。

当 $Q \geq 1$ 时，将 Q 值划分为：①$1 \leq Q < 10$；②$10 \leq Q < 100$；③$Q \geq 100$，分别以 Q_1、Q_2 和 Q_3 表示。

二、生产工艺与环境风险控制水平（M）确定

采用评分法对企业生产工艺、安全生产控制、环境风险防控措施、环评及批复落实情况、废水排放去向等指标进行评估汇总，确定企业生产工艺与环境风险控制水平。评估指标及分值分别见表 3-20 与表 3-21。

表 3-20 企业生产工艺与环境风险控制水平评估指标

评估指标		分值（分）
生产工艺		20
安全生产控制（8分）	消防验收	2
	危险化学品安全评价	2
	安全生产许可	2
	危险化学品重大危险源备案	2
水环境风险防控措施（40分）	截流措施	8
	事故排水收集措施	8
	清净下水系统防控措施	8
	雨水系统防控措施	8
	生产废水系统防控措施	8

续表

评估指标		分值(分)
大气环境风险防控措施 (12分)	毒性气体泄漏紧急处置装置	8
	生产区域或厂界毒性气体泄漏监控预警系统	4
环评及批复的其他环境风险防控措施落实情况		10
废水排放去向		10

表3-21 企业生产工艺与环境风险控制水平

工艺与环境风险控制水平值(M)	工艺过程与环境风险控制水平
$M<25$	M1类水平
$25\leqslant M<45$	M2类水平
$45\leqslant M<60$	M3类水平
$M\geqslant60$	M4类水平

1. 生产工艺

列表说明企业生产工艺及其特征：生产工艺名称，反应条件（包括高温、高压、易燃、易爆），是否属于《重点监管危险化工工艺目录》或国家规定有淘汰期限的淘汰类落后生产工艺装备等。

按照表3-22评估企业生产工艺情况。具有多套工艺单元的企业，对每套生产工艺分别评分并求和。企业生产工艺最高分值为20分，超过20分则按最高分计。表3-20中的化工工艺名录将根据突发环境事件的发生状况和有关规定适时调整。

表3-22 企业生产工艺

评估依据	分值(分)
涉及光气及光气化工艺、电解工艺(氯碱)、氯化工艺、硝化工艺、合成氨工艺、裂解(裂化)工艺、氟化工艺、加氢工艺、重氮化工艺、氧化工艺、过氧化工艺、氨基化工艺、磺化工艺、聚合工艺、烷基化工艺、新型煤化工工艺、电石生产工艺、偶氮化工艺	10/每套
其他高温或高压、涉及易燃易爆等物质的工艺过程[①]	5/每套

评估依据	
具有国家规定限期淘汰的工艺名录和设备②	5/每套
不涉及以上危险工艺过程或国家规定的禁用工艺/设备	0

① 高温指工艺温度≥300℃，高压指压力容器的设计压力 p≥10.0MPa，易燃易爆等物质是指按照 GB 20576 至 GB 20602《化学品分类、警示标签和警示性说明安全规范》所确定的化学物质；

② 指根据国家发展改革委发布的《产业结构调整指导目录》（最新年本）中有淘汰期限的淘汰类落后生产工艺装备。

2. 安全生产管理

按照表 3-23 评估企业现有安全生产管理情况，并附相关证明文件。

表 3-23 企业安全生产控制

评估指标	评估依据	分值（分）
消防验收	消防验收意见为合格，且最近一次消防检查合格	0
	消防验收意见不合格，或最近一次消防检查不合格	2
安全生产许可	非危险化学品生产企业，或危险化学品生产企业取得安全生产许可	0
	危险化学品生产企业未取得安全生产许可	2
危险化学品安全评价	开展危险化学品安全评价；通过安全设施竣工验收，或无要求	0
	未开展危险化学品安全评价，或未通过安全设施竣工验收	2
危险化学品重大危险源备案	无重大危险源，或所有危险化学品重大危险源均已备案	0
	有危险化学品重大危险源未备案	2

3. 环境风险防控与应急措施

从生产装置、储运系统、公用工程系统、辅助生产设施及环境保护设施等方面，列表说明每个涉及环境风险物质的环境风险单元及其环境风险防控措施的实施和日常管理情况。

对照表3-24，列出每个风险单元所采取的水、大气等环境风险防控措施，包括：截流措施、事故排水收集措施、清净下水系统防控措施、雨排水系统防控措施、生产废水处理系统防控措施；毒性气体泄漏紧急处置装置和毒性气体泄漏监控预警措施；环境风险评估及批复的其他风险防控措施落实情况等。

按照表3-24评估企业环境风险防控与应急措施情况。若企业具有一套收集措施，兼具或部分兼具收集泄漏物、受污染的清净下水、雨水、消防水功能，应按表3-24对照相应功能要求分别评分。

表3-24 企业环境风险防控与应急措施

评估指标	评估依据	分值(分)
截流措施	①各个环境风险单元设防渗漏、防腐蚀、防淋溶、防流失措施，设防初期雨水、泄漏物、受污染的消防水(溢)流入雨水和清净下水系统的导流围挡收集措施(如防火堤、围堰等)，且相关措施符合设计规范；且 ②装置围堰与罐区防火堤(围堰)外设排水切换阀，正常情况下通向雨水系统的阀门关闭，通向事故存液池、应急事故水池、清净下水排放缓冲池或污水处理系统的阀门打开；且 ③前述措施日常管理及维护良好，有专人负责阀门切换，保证初期雨水、泄漏物和受污染的消防水排入污水系统	0
	有任意一个环境风险单元的截流措施不符合上述任意一条要求的	8
事故排水收集措施	①按相关设计规范设置应急事故水池、事故存液池或清净下水排放缓冲池等事故排水收集设施，并根据下游环境风险受体敏感程度和易发生极端天气情况，设置事故排水收集设施的容量；且 ②事故存液池、应急事故水池、清净下水排放缓冲池等事故排水收集设施位置合理，能自流式或确保事故状态下顺利收集泄漏物和消防水，日常保持足够的事故排水缓冲容量；且 ③设抽水设施，并与污水管线连接，能将所收集物送至厂区内污水处理设施处理	0
	有任意一个环境风险单元的事故排水收集措施不符合上述任意一条要求的	8

评估指标	评估依据	分值(分)
清净下水系统防控措施	①不涉及清净下水;或 ②厂区内清净下水均进入废水处理系统;或清污分流,且清净下水系统具有下述所有措施: ①具有收集受污染的清净下水、初期雨水和消防水功能的清净下水排放缓冲池(或雨水收集池),池内日常保持足够的事故排水缓冲容量;池内设有提升设施,能将所集物送至厂区内污水处理设施处理;且 ②具有清净下水系统(或排入雨水系统)的总排口监视及关闭设施,有专人负责在紧急情况下关闭清净下水总排口,防止受污染的雨水、清净下水、消防水和泄漏物进入外环境	0
	涉及清净下水,有任意一个环境风险单元的清净下水系统防控措施但不符合上述②要求的	8
雨排水系统防控措施	厂区内雨水均进入废水处理系统;或雨污分流,且雨排水系统具有下述所有措施: ①具有收集初期雨水的收集池或雨水监控池;池出水管上设置切断阀,正常情况下阀门关闭,防止受污染的水外排;池内设有提升设施,能将所集物送至厂区内污水处理设施处理;且 ②具有雨水系统外排总排口(含泄洪渠)监视及关闭设施,有专人负责在紧急情况下关闭雨水排口(含与清净下水共用一套排水系统情况),防止雨水、消防水和泄漏物进入外环境; ③如果有排洪沟,排洪沟不通过生产区和罐区,具有防止泄漏物和受污染的消防水流入区域排洪沟的措施	0
	不符合上述要求的	8

续表

评估指标	评估依据	分值(分)
生产废水处理系统防控措施	①无生产废水产生或外排;或 ②有废水产生或外排时: ①受污染的循环冷却水、雨水、消防水等排入生产污水系统或独立处理系统;且 ②生产废水排放前设监视池,能够将不合格废水送废水处理设施重新处理;且 ③如企业受污染的清净下水或雨水进入废水处理系统处理,则废水处理系统应设置事故水缓冲设施; ④具有生产废水总排口监视及关闭设施,有专人负责启闭,确保泄漏物,受污染的消防水、不合格废水不排出厂外	0
	涉及废水产生或外排,但不符合上述②中任意一条要求的	8
毒性气体泄漏紧急处置装置	①不涉及有毒有害气体的;或 ②根据实际情况,具有针对有毒有害气体(如硫化氢、氰化氢、氯化氢、光气、氯气、氨气、苯等)的泄漏紧急处置措施	0
	不具备有毒有害气体泄漏紧急处置装置的	8
毒性气体泄漏监控预警措施	①不涉及有毒有害气体的;或 ②根据实际情况,具有针对有毒有害气体(如硫化氢、氰化氢、氯化氢、光气、氯气、氨气、苯等)设置生产区域或厂界泄漏监控预警措施	0
	不具备生产区域或厂界有毒有害气体泄漏监控预警措施的	4
环评及批复的其他风险防控措施落实情况	按环境风险评估及批复文件的要求落实的其他建设环境风险防控设施的	0
	未落实环境风险评估及批复文件中其他环境风险防控设施要求的	10

4. 雨排水、清净下水、生产废水排放去向

列表说明企业雨排水、清净下水、经处理后的生产废水排放去

向、受纳水体名称、受纳水体汇入河流及所属水系，受纳水体的年平均流速流量和最大流速流量等。按照表3-25评估各类水的排放去向。

表3-25 企业雨排水、清净下水、生产废水排放去向

评估依据	分值(分)
不产生废水或废水处理后100%回用	0
进入城市污水处理厂或工业废水集中处理厂(如工业园区的废水处理厂)	7
进入其他单位	
其他(包括回喷、回灌、回用等)	
直接进入海域或江河、湖、库等水环境	10
进入城市下水道再入江河湖库或进入城市下水道再入沿海海域	
直接进入污灌农田或进入地渗或蒸发地	

三、环境风险受体敏感性（E）确定

列出企业周边所有环境风险受体情况：

以企业厂区边界计，周边5km范围内大气环境风险受体（包括居住、医疗卫生、文化教育、科研、行政办公、重要基础设施、企业等主要功能区域内的人群、保护单位、植被等）和土壤环境风险受体（包括基本农田保护区、居住商用地）情况，并列表说明下列内容：名称、规模（人口数、级别或面积）、中心经度、中心纬度、距企业距离（米）、相对企业方位、服务范围（取水口填写）、联系人和联系电话。

企业雨水排口（含泄洪渠）、清净下水排口、废水总排口下游10km范围内水环境风险受体（包括饮用水水源保护区、自来水厂取水口、自然保护区、重要湿地、特殊生态系统、水产养殖区、鱼虾产卵场、天然渔场等）情况，以及按最大流速计，水体24h流经范围内涉及国界、省界、市界等情况，并列表说明下列内容：名称、规模（级别或面积）、中心经度、中心纬度、据企业距离

（米）、相对企业方位、服务范围（取水口填写）、联系人和联系电话。

根据环境风险受体的重要性和敏感程度，由高到低将企业周边的环境风险受体分为类型1、类型2和类型3，分别以 $E1$、$E2$ 和 $E3$ 表示，见表3-26。如果企业周边存在多种类型环境风险受体，则按照重要性和敏感度高的类型计。

表 3-26　企业周边环境风险受体情况划分

类别	环境风险受体情况
类型1 ($E1$)	①企业雨水排口、清净下水排口、污水排口下游10km范围内有如下一类或多类环境风险受体的：乡镇及以上城镇饮用水水源（地表水或地下水）保护区；自来水厂取水口；水源涵养区；自然保护区；重要湿地；珍稀濒危野生动植物天然集中分布区；重要水生生物的自然产卵场及索饵场、越冬场和洄游通道；风景名胜区；特殊生态系统；世界文化和自然遗产地；红树林、珊瑚礁等滨海湿地生态系统；珍稀、濒危海洋生物的天然集中分布区；海洋特别保护区；海上自然保护区；盐场保护区；海水浴场；海洋自然历史遗迹；或 ②以企业雨水排口（含泄洪渠）、清净下水排口、废水总排口算起，排水进入受纳河流最大流速时，24小时流经范围内涉跨国界或省界的；或 ③企业周边现状不满足环评及批复的卫生防护距离或大气环境防护距离等要求的；或 ④企业周边5km范围内居住区、医疗卫生、文化教育、科研、行政办公等机构人口总数大于5万人，或企业周边500m范围内人口总数大于1000人，或企业周边5km涉及军事禁区、军事管理区、国家相关保密区域
类型2 ($E2$)	①企业雨水排口、清净下水排口、污水排口下游10km范围内有如下一类或多类环境风险受体的：水产养殖区；天然渔场；耕地、基本农田保护区；富营养化水域；基本草原；森林公园；地质公园；天然林；海滨风景游览区；具有重要经济价值的海洋生物生存区域；或 ②企业周边5km范围内居住区、医疗卫生、文化教育、科研、行政办公等机构人口总数大于1万人，小于5万人；或企业周边500米范围内人口总数大于500人，小于1000人 ③企业位于熔岩地貌、泄洪区、泥石流多发等地区
类型3 ($E3$)	①企业下游10km范围内无上述类型1和类型2包括的环境风险受体；或 ②企业周边5km范围内居住区、医疗卫生、文化教育、科研、行政办公等机构人口总数小于1万人，或企业周边500m范围内人口总数小于500人

四、企业环境风险等级划分

根据企业周边环境风险受体的 3 种类型，按照环境风险物质数量与临界量比值（Q）、生产工艺过程与环境风险控制水平（M）矩阵，确定企业环境风险等级。

企业周边环境风险受体属于类型 1 时，按表 3-27 确定环境风险等级。

表 3-27　类型 1（$E1$）——企业环境风险分级表

环境风险物质数量与临界量比（Q）	生产工艺过程与环境风险控制水平（M）			
	$M1$ 类水平	$M2$ 类水平	$M3$ 类水平	$M4$ 类水平
$1 \leqslant Q < 10$	较大环境风险	较大环境风险	重大环境风险	重大环境风险
$10 \leqslant Q < 100$	较大环境风险	重大环境风险	重大环境风险	重大环境风险
$100 \leqslant Q$	重大环境风险	重大环境风险	重大环境风险	重大环境风险

企业周边环境风险受体属于类型 2 时，按表 3-28 确定环境风险等级。

表 3-28　类型 2（$E2$）——企业环境风险分级表

环境风险物质数量与临界量比（Q）	生产工艺过程与环境风险控制水平（M）			
	$M1$ 类水平	$M2$ 类水平	$M3$ 类水平	$M4$ 类水平
$1 \leqslant Q < 10$	一般环境风险	较大环境风险	较大环境风险	重大环境风险
$10 \leqslant Q < 100$	较大环境风险	较大环境风险	重大环境风险	重大环境风险
$100 \leqslant Q$	较大环境风险	重大环境风险	重大环境风险	重大环境风险

企业周边环境风险受体属于类型 3 时，按表 3-29 确定环境风险等级。

五、级别表征确定

企业环境风险等级可表示为"级别（Q 值代码+工艺过程与环

表 3-29 类型 3（E3）——企业环境风险分级表

环境风险物质数量与临界量比（Q）	生产工艺过程与环境风险控制水平（M）			
	M1 类水平	M2 类水平	M3 类水平	M4 类水平
$1 \leq Q < 10$	一般环境风险	一般环境风险	较大环境风险	较大环境风险
$10 \leq Q < 100$	一般环境风险	较大环境风险	较大环境风险	重大环境风险
$100 \leq Q$	较大环境风险	较大环境风险	重大环境风险	重大环境风险

境风险控制水平代码＋环境风险受体类型代码）"，例如：Q 值范围为 $1 \leq Q < 10$，环境风险受体为类型 1，工艺过程与环境风险控制水平为 $M3$ 类的企业突发环境事件环境风险等级可表示为"重大（$Q1M3E1$）"。

第八节
企业突发环境事件隐患排查和治理

根据《中华人民共和国突发事件应对法》《中华人民共和国环境保护法》《突发环境事件应急管理办法》《企业事业单位突发环境事件应急预案备案管理办法（试行）》等的要求，为防范火灾、爆炸、泄漏等生产安全事故直接导致或次生的突发环境事件，企事业单位自行组织突发环境事件隐患排查和治理。

一、企业突发环境事件隐患排查内容

从环境应急管理和突发环境事件风险防控措施两大方面排查可能直接导致或次生突发环境事件的隐患。

1. 企业突发环境事件应急管理

按规定开展突发环境事件风险评估，确定风险等级情况；制订突发环境事件应急预案并备案情况；建立健全隐患排查治理制度，开展隐患排查治理工作和建立档案情况；按规定开展突发环境事件应急培训,如实记录培训情况;按规定储备必要的环境应急装备和物资情况;按规定公开突发环境事件应急预案及演练情况。

可参考表 3-30 企业突发环境事件应急管理隐患排查表,就上述内容开展相关隐患排查。

表 3-30　企业突发环境事件应急管理隐患排查表

排查时间:　　年　月　日　　　　现场排查负责人(签字):

排查内容	具体排查内容	排查结果		
		是,证明材料	否,具体问题	其他情况
1. 是否按规定开展突发环境事件风险评估,确定风险等级	(1)是否编制突发环境事件风险评估报告,并与预案一起备案			
	(2)企业现有突发环境事件风险物质种类和风险评估报告相比是否发生变化			
	(3)企业现有突发环境事件风险物质数量和风险评估报告相比是否发生变化			
	(4)企业突发环境事件风险物质种类、数量变化是否影响风险等级			
	(5)突发环境事件风险等级确定是否正确合理			
	(6)突发环境事件风险评估是否通过评审			
2. 是否按规定制订突发环境事件应急预案并备案	(7)是否按要求对预案进行评审,评审意见是否及时落实			
	(8)是否将预案进行了备案,是否每三年进行回顾性评估			

续表

排查内容	具体排查内容	排查结果		
		是,证明材料	否,具体问题	其他情况
2. 是否按规定制订突发环境事件应急预案并备案	(9)出现下列情况预案是否进行了及时修订 1)面临的突发环境事件风险发生重大变化,需要重新进行风险评估 2)应急管理组织指挥体系与职责发生重大变化 3)环境应急监测预警机制发生重大变化,报告联络信息及机制发生重大变化 4)环境应急应对流程体系和措施发生重大变化 5)环境应急保障措施及保障体系发生重大变化 6)重要应急资源发生重大变化 7)在突发环境事件实际应对和应急演练中发现问题,需要对环境应急预案作出重大调整的			
3. 是否按规定建立健全隐患排查治理制度,开展隐患排查治理工作和建立档案	(10)是否建立隐患排查治理责任制			
	(11)是否制订本单位的隐患分级规定			
	(12)是否有隐患排查治理年度计划			
	(13)是否建立隐患记录报告制度,是否制定隐患排查表			
	(14)重大隐患是否制定治理方案			
	(15)是否建立重大隐患督办制度			
	(16)是否建立隐患排查治理档案			

续表

排查内容	具体排查内容	排查结果		
		是,证明材料	否,具体问题	其他情况
4. 是否按规定开展突发环境事件应急培训,如实记录培训情况	(17)是否将应急培训纳入单位工作计划			
	(18)是否开展应急知识和技能培训			
	(19)是否健全培训档案,如实记录培训时间、内容、人员等情况			
5. 是否按规定储备必要的环境应急装备和物资	(20)是否按规定配备足以应对预设事件情景的环境应急装备和物资			
	(21)是否已设置专职或兼职人员组成的应急救援队伍			
	(22)是否与其他组织或单位签订应急救援协议或互救协议			
	(23)是否对现有物资进行定期检查,对已消耗或耗损的物资装备进行及时补充			
6. 是否按规定公开突发环境事件应急预案及演练情况	(24)是否按规定公开突发环境事件应急预案及演练情况			

2. 企业突发环境事件风险防控措施

(1) 突发水环境事件风险防控措施

从以下几方面排查突发水环境事件风险防范措施:

① 是否设置中间事故缓冲设施、事故应急水池或事故存液池等各类应急池;应急池容积是否满足环境风险评估文件及批复等相关文件要求;应急池位置是否合理,是否能确保所有受污染的雨

水、消防水和泄漏物等通过排水系统接入应急池或全部收集；是否通过厂区内部管线或协议单位，将所收集的废（污）水送至污水处理设施处理。

② 正常情况下厂区内涉危险化学品或其他有毒有害物质的各个生产装置、罐区、装卸区、作业场所和危险废物储存设施（场所）的排水管道（如围堰、防火堤、装卸区污水收集池）接入雨水或清净下水系统的阀（闸）是否关闭，通向应急池或废水处理系统的阀（闸）是否打开；受污染的冷却水和上述场所的墙壁、地面冲洗水和受污染的雨水（初期雨水）、消防水等是否都能排入生产废水处理系统或独立的处理系统；有排洪沟（排洪涵洞）或河道穿过厂区时，排洪沟（排洪涵洞）是否与渗漏观察井、生产废水、清净下水排放管道连通。

③ 雨水系统、清净下水系统、生产废（污）水系统的总排放口是否设置监视及关闭闸（阀），是否设专人负责在紧急情况下关闭总排口，确保受污染的雨水、消防水和泄漏物等全部收集。

（2）突发大气环境事件风险防控措施

从以下几方面排查突发大气环境事件风险防控措施：

① 企业与周边重要环境风险受体的各类防护距离是否符合环境风险评价文件及批复的要求。

② 涉及有毒有害大气污染物名录的企业是否在厂界建设针对有毒有害特征污染物的环境风险的预警体系。

③ 涉及有毒有害大气污染物名录的企业是否定期监测或委托监测有毒有害大气特征污染物。

④ 突发环境事件信息通报机制建立情况，是否能在突发环境事件发生后及时通报可能受到污染危害的单位和居民。

可参考表 3-31 企业突发环境事件风险防控措施隐患排查表，结合自身实际制订本企业突发环境事件风险防控措施隐患排查清单。

表 3-31　企业突发环境事件风险防控措施隐患排查表

排查时间：　年　月　日　　　　现场排查负责人（签字）

排查项目	现状	可能导致的危害 （是隐患的填写）	隐患 级别	治理 期限	备注
一、中间事故缓冲设施、事故应急水池或事故存液池（以下统称应急池）					
1. 是否设置应急池					
2. 应急池容积是否满足环境风险评价文件及批复等相关文件要求					
3. 应急池在非事故状态下需占用时，是否符合相关要求，并设有在事故时可以紧急排空的技术措施					
4. 应急池位置是否合理，消防水和泄漏物是否能自流进入应急池；如消防水和泄漏物不能自流进入应急池，是否配备有足够能力的排水管和泵，确保泄漏物和消防水能够全部收集					
5. 接纳消防水的排水系统是否具有接纳最大消防水量的能力，是否设有防止消防水和泄漏物排出厂外的措施					
6. 是否通过厂区内部管线或协议单位，将所收集的废（污）水送至污水处理设施处理					
二、厂内排水系统					
7. 装置区围堰、罐区防火堤外是否设置排水切换阀，正常情况下通向雨水系统的阀门是否关闭，通向应急池或污水处理系统的阀门是否打开					
8. 所有生产装置、罐区、油品及化学原料装卸台、作业场所和危险废物储存设施（场所）的墙壁、地面冲洗水和受污染的雨水（初期雨水）、消防水，是否都能排入生产废水系统或独立的处理系统					

续表

排查项目	现状	可能导致的危害（是隐患的填写）	隐患级别	治理期限	备注
二、厂内排水系统					
9. 是否有防止受污染的冷却水、雨水进入雨水系统的措施,受污染的冷却水是否都能排入生产废水系统或独立的处理系统					
10. 各种装卸区(包括厂区码头、铁路、公路)产生的事故液、作业面污水是否设置污水和事故液收集系统,是否有防止事故液、作业面污水进入雨水系统或水域的措施					
11. 有排洪沟(排洪涵洞)或河道穿过厂区时,排洪沟(排洪涵洞)是否与渗漏观察井、生产废水、清净下水排放管道连通					
三、雨水、清净下水和污(废)水的总排口					
12. 雨水、清净下水、排洪沟的厂区总排口是否设置监视及关闭闸(阀),是否设专人负责在紧急情况下关闭总排口,确保受污染的雨水、消防水和泄漏物等排出厂界					
13. 污(废)水的排水总出口是否设置监视及关闭闸(阀),是否设专人负责关闭总排口,确保不合格废水、受污染的消防水和泄漏物等不会排出厂界					
四、突发大气环境事件风险防控措施					
14. 企业与周边重要环境风险受体的各种防护距离是否符合环境风险评价文件及批复的要求					

排查项目	现状	可能导致的危害 （是隐患的填写）	隐患 级别	治理 期限	备注
四、突发大气环境事件风险防控措施					
15. 涉及有毒有害大气污染物名录的企业是否在厂界建设针对有毒有害污染物的环境风险的预警体系					
16. 涉及有毒有害大气污染物名录的企业是否定期监测或委托监测有毒有害大气特征污染物					
17. 突发环境事件信息通报机制建立情况,是否能在突发环境事件发生后及时通报可能受到污染危害的单位和居民					

二、企业突发环境事件隐患分级

1. 分级原则

根据可能造成的危害程度、治理难度及企业突发环境事件风险等级,隐患分为重大突发环境事件隐患(以下简称重大隐患)和一般突发环境事件隐患(以下简称一般隐患)。

具有以下特征之一的可认定为重大隐患,除此之外的隐患可认定为一般隐患:

① 情况复杂,短期内难以完成治理并可能造成环境危害的隐患。

② 可能产生较大环境危害的隐患,如可能造成有毒有害物质进入大气、水、土壤等环境介质次生较大以上突发环境事件的隐患。

2. 企业自行制订分级标准

企业应根据前述关于重大隐患和一般隐患的分级原则、自身突发环境事件风险等级等实际情况,制订本企业的隐患分级标准。可以立即完成治理的隐患一般可不判定为重大隐患。

三、企业隐患排查治理的基本要求

1. 建立完善隐患排查治理管理机构

企业应当建立并完善隐患排查管理机构，配备相应的管理和技术人员。

2. 建立隐患排查治理制度

企业应当按照下列要求建立健全隐患排查治理制度：

① 建立隐患排查治理责任制。企业应当建立健全从主要负责人到每位作业人员，覆盖各部门、各单位、各岗位的隐患排查治理责任体系；明确主要负责人对本企业隐患排查治理工作全面负责，统一组织、领导和协调本单位隐患排查治理工作，及时掌握、监督重大隐患治理情况；明确分管隐患排查治理工作的组织机构、责任人和责任分工，按照生产区、储运区或车间、工段等划分排查区域，明确每个区域的责任人，逐级建立并落实隐患排查治理岗位责任制。

② 制订突发环境事件风险防控设施的操作规程和检查、运行、维修与维护等规定，保证资金投入，确保各设施处于正常完好状态。

③ 建立自查、自报、自改、自验的隐患排查治理组织实施制度。

④ 如实记录隐患排查治理情况，形成档案文件并做好存档。

⑤ 及时修订企业突发环境事件应急预案、完善相关突发环境事件风险防控措施。

⑥ 定期对员工进行隐患排查治理相关知识的宣传和培训。

⑦ 有条件的企业应当建立与企业相关信息化管理系统联网的突发环境事件隐患排查治理信息系统。

3. 明确隐患排查方式和频次

企业应当综合考虑企业自身突发环境事件风险等级、生产工况等因素合理制订年度工作计划，明确排查频次、排查规模、排查项目等内容。

根据排查频次、排查规模、排查项目不同，排查可分为综合排查、日常排查、专项排查及抽查等方式。企业应建立以日常排查为主的隐患排查工作机制，及时发现并治理隐患。

综合排查是指企业以厂区为单位开展全面排查，一年应不少于一次。

日常排查是指以班组、工段、车间为单位，组织对单个或几个项目采取日常的、巡视性的排查工作，其频次根据具体排查项目确定。一月应不少于一次。

专项排查是在特定时间或对特定区域、设备、措施进行的专门性排查。其频次根据实际需要确定。

企业可根据自身管理流程，采取抽查方式排查隐患。

在完成年度计划的基础上，当出现下列情况时，应当及时组织隐患排查：

① 出现不符合新颁布、修订的相关法律、法规、标准、产业政策等情况的。

② 企业有新建、改建、扩建项目的。

③ 企业突发环境事件风险物质发生重大变化导致突发环境事件风险等级发生变化的。

④ 企业管理组织应急指挥体系机构、人员与职责发生重大变化的。

⑤ 企业生产废水系统、雨水系统、清净下水系统、事故排水系统发生变化的。

⑥ 企业废水总排口、雨水排口、清净下水排口与水环境风险受体连接通道发生变化的。

⑦ 企业周边大气和水环境风险受体发生变化的。

⑧ 季节转换或发布气象灾害预警、地质地震灾害预报的。

⑨ 敏感时期、重大节假日或重大活动前。

⑩ 突发环境事件发生后或本地区其他同类企业发生突发环境事件的。

⑪ 发生生产安全事故或自然灾害的。

⑫ 企业停产后恢复生产前。

4. 隐患排查治理的组织实施

（1）自查

企业根据自身实际制订隐患排查表，包括所有突发环境事件风险防控设施及其具体位置、排查时间、现场排查负责人（签字）、排查项目现状、是否为隐患、可能导致的危害、隐患级别、完成时间等内容。

（2）自报

企业的非管理人员发现隐患应当立即向现场管理人员或者本单位有关负责人报告；管理人员在检查中发现隐患应当向本单位有关负责人报告。接到报告的人员应当及时予以处理。

在日常交接班过程中，做好隐患治理情况交接工作；隐患治理过程中，明确每一工作节点的责任人。

（3）自改

一般隐患必须确定责任人，立即组织治理并确定完成时限，治理完成情况要由企业相关负责人签字确认，予以销号。

重大隐患要制订治理方案，治理方案应包括：治理目标、完成时间和达标要求、治理方法和措施、资金和物资、负责治理的机构和人员责任、治理过程中的风险防控和应急措施或应急预案。重大隐患治理方案应报企业相关负责人签发，抄送企业相关部门落实治理。

企业负责人要及时掌握重大隐患治理进度，可指定专门负责人对治理进度进行跟踪监控，对不能按期完成治理的重大隐患，及时发出督办通知，加大治理力度。

（4）自验

重大隐患治理结束后，企业应组织技术人员和专家对治理效果进行评估和验收，编制重大隐患治理验收报告，由企业相关负责人签字确认，予以销号。

5. 加强宣传培训和演练

企业应当定期就企业突发环境事件应急管理制度、突发环境事件风险防控措施的操作要求、隐患排查治理案例等开展宣传和培训，并通过演练检验各项突发环境事件风险防控措施的可操作性，提高从业人员隐患排查治理能力和风险防范水平。如实记录培训、演练的时间、内容、参加人员以及考核结果等情况，并将培训情况备案存档。

6. 建立档案

及时建立隐患排查治理档案。隐患排查治理档案包括企业隐患分级标准、隐患排查治理制度、年度隐患排查治理计划、隐患排查表、隐患报告单、重大隐患治理方案、重大隐患治理验收报告、培训和演练记录以及相关会议纪要、书面报告等隐患排查治理过程中形成的各种书面材料。隐患排查治理档案应至少留存五年，以备环境保护主管部门抽查。

→ 思考与练习

1. 简述风险识别的工作内容。

2. 怎样进行物质的风险识别？

3. 简述源项分析的内容和方法。

4. 有毒有害物质在大气中的扩散可采用什么模型进行预测计算？举出几个典型的例子。

5. 如何进行伴生/次生风险影响分析。

6. 如何进行安全风险评价的脆弱性分析。

7. 风险值如何计算，如何进行风险评价。

8. 企业突发环境事件风险评估如何进行？

9. 企业突发环境事件风险等级如何划分？

10. 企业突发环境事件如何开展隐患排查和治理？

实训一
危险物质风险识别

一、实训目的

学会根据建设单位所提供的基本情况资料，对风险物质的理化性质进行查找，辨识危险性。

二、实训学时安排

2 学时

三、实训场地要求

实训机房

四、实训工具材料

1. 教师给定建设项目基本资料

2. 实训记录表

3. 网络资源

五、实训方法

学生根据教师给定的项目基本情况资料，对风险物质的理化性质进行查找，辨识危险性。

六、实训材料

某化工项目位于 C 市 D 镇×××工业区。东、南面均为工业区厂房，西面为工业区公路，北面为工业区空地。本项目生产过程中使用多种原辅材料，包括甲醇、乙醇、丙酮、乙酸丁酯、甲苯、异丙醇、盐酸、硝酸和液氨等。查找各物料的理化性质，归纳出各物料的危险性。

七、实训步骤

第一步，通过纸质材料、网络资源等，查出危险物质的理化性质，见表 3-22 所示。

参考网站：1. http://www.somsds.com/index.asp（安全技术说明书）

2. http://www.baidu.com/（百度）

3. http://www.chemyq.com/xz.htm（化工词典）

第二步，按照风险识别中物质风险识别方法，归纳出物料的危险特性，见表3-33所示。

表 3-32 风险物质理化性质

序号	化学品名称	化学分子式	外观及气味	相对密度（水＝1）	沸点℃	自燃温度℃	闪点℃	爆炸极限%		分类及编号	火灾危险性类别
								下限	上限		
1	甲醇										
2											

表 3-33 风险物质的健康危害、急救措施及毒性分级表

序号	化学品名称	毒理学资料	中毒途径	毒性分级	健康危害	急救措施	储存条件	运输包装及标志
1	甲醇							
2								

实训二
源项分析和后果计算

一、实训目的

根据风险物质的基本情况，进行物质泄漏量计算，利用软件进行有毒有害物质在大气中扩散预测，进行火灾、爆炸后果计算。

二、实训学时安排

4学时

三、实训场地要求

电脑室

四、实训工具材料

1. 教师给定建设项目基本资料；

2. 实训记录表。

五、实训方法

学生根据教师给定的项目基本情况资料，进行物质泄漏量计算，利用软件进行有毒有害物质在大气中扩散预测，进行火灾、爆炸后果计算。

六、实训材料

某化工项目位于 C 市 D 镇×××工业区。东、南面均为工业区厂房，西面为工业区公路，北面为工业区空地。本项目生产过程中使用多种原辅材料，包括甲醇、乙醇、丙酮、乙酸丁酯、甲苯、异丙醇、盐酸、硝酸和液氨等。

七、实训步骤

第一步，根据材料确定泄漏时间，计算泄漏量。

第二步，利用软件进行有毒有害物质在大气中扩散预测。

第三步，进行火灾、爆炸后果计算。

第四章 应急响应、应急监测与应急处置

第一节
应 急 响 应

突发环境事件影响范围广、波及面大，其应急响应工作涉及社会各个层面，包括各级人民政府及各部门、专业机构、企事业单位、社会团体和公众，是一项复杂的系统工程。根据"以人为本，减少危害；统一领导，协调一致；属地为主，分级响应；主动应对，社会动员；依法应急，规范管理；专业指导，科学处置"的原则，在应急响应过程中，各级人民政府履行其指挥和协调职责，各级政府有关部门、专业机构、社会团体等按照职责分工承担相应的应急任务，充分发挥各类应急救援队伍的作用，保障人民群众生命财产安全和环境安全。

一、应急响应基本原则

1. 以人为本，减少危害

一切应急响应活动必须把保障公众健康和生命财产安全作为首要任务，最大限度地保障公众健康，保护人民群众生命财产安全。

2. 统一领导，协调一致

应急响应工作应在各级党委、政府统一领导下组织实施。现场应急指挥机构具体负责现场的应急处置工作，各部门、专业机构、社会团体等救援力量按照职责分工承担相应的应急任务，听从应急

救援指挥机构的应急指挥，充分发挥自身优势，形成指挥统一、各负其责、协调有序、反应灵敏、运转高效的应急指挥机制。

3. 属地为主，分级响应

强调属地管理为主，突发环境事件发生地政府的反应迅速和应对措施准确有效，是有效遏制突发环境事件发生、发展的关键。各级人民政府负责本辖区突发环境事件的应对工作，充分发挥基层党委、政府的能动作用，动员乡镇、社区、企事业单位和社会团体的力量，形成上下一致、思路清晰、指挥有力、配合紧密的全面应急处置机制。

4. 主动应对，社会动员

作为履行环境安全保护义务的责任主体，由企事业单位原因造成突发环境事件时，事发单位应积极开展先期处置，控制事态、减轻后果，及时报告当地环境保护部门和人民政府，加强企事业单位应急责任的落实；实行环境安全信息公开，建立社会应急动员机制，充实社会救援队伍，提高公众自救、互救能力。

5. 依法应急，规范管理

依据有关法律、行政法规和规范标准，强化环境应急法治管理，严格按照规定开展和执行应急响应，合理维护公众合法环境权益，使突发环境事件应对工作规范化、制度化、法制化。

6. 专业指导，科学处置

采用先进的环境监测、事态预测和污染处置技术及设施，充分发挥专家队伍、监察机构等团体和人员的专业作用，提高应对突发环境事件的科技水平和作战能力，避免发生次生、衍生事件，最大限度地消除和减轻突发事件造成的影响。

二、突发环境事件分级

突发环境事件分级是分级响应的首要判断条件。按照突发事件的严重性和紧急程度，国务院印发的《国家突发环境事件应急预案》将突发环境事件分为Ⅰ级（特别重大突发环境事件）、Ⅱ级（重大突发环境事件）、Ⅲ级（较大突发环境事件）、Ⅳ级（一般突发环境事件）。（见附录二）

根据突发环境事件的严重程度和发展态势，将应急响应设定为Ⅰ级、Ⅱ级、Ⅲ级和Ⅳ级四个等级。初判发生特别重大、重大突发环境事件，分别启动Ⅰ级、Ⅱ级应急响应，由事发地省级人民政府负责应对工作；初判发生较大突发环境事件，启动Ⅲ级应急响应，由事发地设区的市级人民政府负责应对工作；初判发生一般突发环境事件，启动Ⅳ级应急响应，由事发地县级人民政府负责应对工作。

突发环境事件发生在易造成重大影响的地区或重要时段时，可适当提高响应级别。应急响应启动后，可视事件损失情况及其发展趋势调整响应级别，避免响应不足或响应过度。

三、应急响应主要内容

应急响应主要内容包括应急救援、人员疏散、应急监测、现场调查、现场应急处置、信息发布和报告、治安管制等工作。

1. 企事业单位应急响应内容

根据国内外突发环境事件的分析统计，突发环境事件的发生原因绝大多数是来自于企事业单位。部分企事业单位未能彻底履行环境风险防范和突发事件应对的法律义务，影响了事件的处置工作，并导致事件影响的进一步扩大和加深。企事业单位对其经营内容、生产流程、厂区环境最为熟悉，对周边环境影响受体较为了解，甚至了解突发环境事件的发生者、导火线或者受害者。因此，企事业单位应当承担先期处置的角色。只要其能在突发环境事件发生后第一时间启动应急预案，采取必要措施，防止污染扩散，同时做好心思通报和上报工作，便可以为后续处理处置争取主动，降低事件对周边生态环境的影响，有效控制损害程度。

具体应急响应工作包括：

①立即组织本单位应急救援队伍和工作人员营救受害人员，疏散、撤离、安置受到威胁的人员。

②控制危险源，标明危险区域，封锁危险场所，并采取其他防止危害扩大的必要措施。

③立即采取清除或减轻污染危害的应急措施。

④立即向当地政府和有关部门报告，及时通报可能受到危害的单位和居民。

⑤服从人民政府发布的决定、命令，积极配合人民政府组织人员参加所在地的应急救援和处置工作。

⑥接受有关部门的调查处理，并承担有关法律规定的赔偿责任。

2. 各级人民政府应急响应内容

突发环境事件发生后，履行统一领导职责并组织处置事件的人民政府，启动本级突发环境事件应急预案，成立现场应急指挥部，立即组织有关部门，调动应急救援队伍和社会力量，依照有关规定采取应急处置措施。超出本级应急处置能力时，及时请求上一级应急指挥机构启动上一级应急预案。

具体应急响应工作包括：

①组织营救和救治受害人员，疏散、撤离并妥善安置受到威胁的人员以及采取其他救助措施。

②迅速控制危险源，标明危险区域，封锁危险场所，划定警戒区，实行交通管制以及其他控制措施。

③采取有效措施，减轻污染危害；采取必要措施，防止发生次生、衍生事件。

④启用本级人民政府设置的财政预备费和储备的应急救援物资，根据《中华人民共和国突发事件应对法》的规定调用其他急需物资、设备、设施、工具，或请求其他地方人民政府提供人力、物力、财力或者技术支援。

⑤组织机构、团体、公民参加应急救援和处置工作，要求具

有特定专长的人员提供服务。

⑥ 要求生产、供应生活必需品和应急救援物资的企业组织生产、保证供给，要求提供医疗、交通等公共服务的组织提供相应的服务。

⑦ 及时向上级人民政府报告，必要时可越级上报；及时向当地居民公告；及时向毗邻和可能波及的地区政府及相关部门通报。

3. 环境保护部门应急响应内容

突发环境事件发生后，在当地政府统一领导下，环境保护部门要及时做好信息报告及通报、环境应急监测、污染源排查、污染事态评估、事故调查、提出信息发布建议等工作，严格执行"第一时间报告、第一时间赶赴现场、第一时间开展监测、第一时间向社会发布信息、第一时间组织开展调查"的要求。

具体应急响应工作包括：

① 启动突发环境事件应急预案，成立应急指挥部及综合、监测、处置、专家、宣传、后勤保障等小组，保障有关人员、器材、车辆到位。

② 及时、准确地向同级人民政府和上级环境保护主管部门报告辖区内发生的突发环境事件。

③ 向涉及的相关部门及毗邻地区进行通报。

④ 在政府统一领导下，参与突发环境事件的应急指挥、协调、调度。

⑤ 尽快赶赴现场，调查了解情况，查看污染范围及程度，进行污染源排查，对事件性质及类别进行初步认定。

⑥ 开展环境应急监测，对数据进行分析，寻找规律，判断趋势，为应急处置工作提供决策依据。

⑦ 推荐有关专家，成立专家组，对应急处置工作提供技术和决策支持。

⑧ 根据现场调查情况及专家组意见预测事态发展趋势。

⑨ 向地方政府提出控制和消除污染源、防止污染扩散、人员救援与防护、信息通报与发布等方面的建议。

⑩ 向政府提出维护社会稳定、恢复重建等建议。

⑪ 对突发环境事件进行调查处理；协调处理污染损害赔偿纠纷。

4. 其他职能部门应急响应内容

根据现行相关法律法规、行政规章的要求，政府其他行政主管部门在突发环境事件的预防、预警、应急响应、应急处置与事件调查处理过程中，分别负有相应的职责。

其中部分职能部门具体应急响应工作包括：

① 海事部门负责调查处理海港区水域内非军事船舶和港区外非渔业、非军事船舶污染事故的职责。（根据《中华人民共和国水污染防治法》《中华人民共和国海洋环境保护法》等规定）

② 交通部门负责船舶污染事故应急救援和调查处理工作；负责船舶、港口污染事件的信息报送工作。（根据《中华人民共和国水污染防治法》《国家突发环境事件应急预案》等规定）

③ 公安部门负责环境应急救援的治安维护、交通管制和群众疏散工作。（根据《国家突发环境事件应急预案》等规定）

④ 水务部门负责协调环保部门对水污染防治实施监督管理；负责参与调查处理入海口陆源污染损害海洋；负责保障饮用水源供水安全。（根据《中华人民共和国水污染防治法》《国家突发环境事件应急预案》等规定）

⑤ 农业部门负责调查处理农业污染事故。（根据《中华人民共和国农业法》《国家突发环境事件应急预案》等规定）

⑥ 卫生部门负责协调环保部门对水污染防治实施监督管理；负责应急医疗卫生救援工作。（根据《中华人民共和国农业法》《国家突发环境事件应急预案》等规定）

⑦ 安监部门负责危险化学品事故应急救援工作。（根据《危险化学品安全管理条例》《国家突发环境事件应急预案》等规定）

⑧ 其他职能部门在各自职责范围、法定要求内，承担相应环境应急响应工作。

5. 国家层面应急响应内容

（1）部门工作组应急响应

初判发生重大以上突发环境事件或事件情况特殊时，环境保护部立即派出工作组赴现场指导督促当地开展应急处置、应急监测、原因调查等工作，并根据需要协调有关方面提供队伍、物资、技术等支持。

（2）国务院工作组应急响应

当需要国务院协调处置时，成立国务院工作组。主要开展以下工作：

① 了解事件情况、影响、应急处置进展及当地需求等。

② 指导地方制订应急处置方案。

③ 根据地方请求，组织协调相关应急队伍、物资、装备等，为应急处置提供支援和技术支持。

④ 对跨省级行政区域突发环境事件应对工作进行协调。

⑤ 指导开展事件原因调查及损害评估工作。

（3）国家环境应急指挥部应急响应

根据事件应对工作需要和国务院决策部署，成立国家环境应急指挥部。主要开展以下工作：

① 组织指挥部成员单位、专家组进行会商，研究分析事态，部署应急处置工作。

② 根据需要赴事发现场或派出前方工作组赴事发现场协调开展应对工作。

③ 研究决定地方人民政府和有关部门提出的请求事项。

④ 统一组织信息发布和舆论引导。

⑤ 视情向国际通报，必要时与相关国家和地区、国际组织领导人通电话。

⑥ 组织开展事件调查。

四、应急响应程序

一般而言，政府及其部门应急响应工作程序包括接报、甄别和确认、报告、预警、启动应急预案、成立应急指挥部、现场指挥、开展应急处置、应急终止等环节。

（1）接报

接到投诉举报、上级交办、下级报告、相关部门通报、媒体报道等突发环境事件信息后，应详细了解、询问并准确记录事件发生的时间、地点、影响范围及可能造成或已造成的环境污染危害与人员伤亡、财产损失等情况。接报的有关政府和部门准备进入预警期。相关职能部门和专业机构加强环境信息监测、预测和预警工作，迅速布置现场调查。

预警级别相应地由高到低依次用红色、橙色、黄色和蓝色预警（见表 4-1），根据事态的发展和采取措施的效果，预警可以升级、降级或解除。

表 4-1 突发环境事件的预警发布

事件等级	预警信号	发布单位
Ⅰ级（特别重大）	红色	事发地省级人民政府根据国务院授权发布
Ⅱ级（重大）	橙色	省级人民政府
Ⅲ级（较大）	黄色	市（地）级人民政府
Ⅳ级（一般）	蓝色	县级人民政府

（2）甄别和确认

及时向信息来源核实情况，必要时组织人员进行现场核实，对未发生突发环境事件的，可解除警报；对可能或已发生突发环境事件的，组织事件初期调查与评估，初步对突发环境事件的性质和类别作出认定、建议和发布预警，进入预警期。

突发环境事件应急预案的启动条件和方式见表 4-2。

表 4-2　突发环境事件应急预案的启动条件和方式

预案类别	启动条件	启动单位
国家突发环境事件应急预案	当发布红色预警或确认有可能发生特别重大突发环境事件以及跨省界、国界突发环境事件	中华人民共和国环境保护部
	当认定为重大或有可能发展为重大的突发环境事件，发生或有可能发生跨省界、国界污染问题或有国务院领导批示的突发环境事件	
省级突发环境事件应急预案	当发布橙色、红色预警或确认发生重大以上级别突发环境事件以及跨市级行政区域影响的较大突发环境事件，或有中华人民共和国国务院批示的突发环境事件	当地省级政府
市级突发环境事件应急预案	当发布黄色以上级别预警或确认发生较大以上级别突发环境事件应急预案以及跨县级行政区域的一般突发环境事件	当地市级政府
县级突发环境事件应急预案	当发布蓝色预警或确认发生一般级别的突发环境事件	当地县级政府

（3）报告

根据事件报告的有关规定，有关部门及时向本级政府和上级主管部门报告，本级政府向上级政府报告，情况严重、确有必要时，可越级报告。及时向有可能受影响的地区和单位通报情况。及时向公众预警。

根据《突发环境事件信息报告办法》，事发地环境保护行政主管部门得知突发环境事件发生后，应当立即派人赶赴现场调查了解情况，采取措施控制环境污染和生态破坏事故继续扩大，对突发环境事件的性质和类别作出初步认定。对初步认定为Ⅳ级（一般）或者Ⅲ级（较大）突发环境事件的，事件发生地设区的市级或者县级人民政府环境保护主管部门应当在 4 小时内向本级人民政府和上一级人民政府环境保护主管部门报告；对初步认定为Ⅱ级（重大）或者Ⅰ级（特别重大）突发环境事件的，事件发生地设区的市级或者县级人民政府环境保护主管部门应当在 2 小时内向本级人民政府和省级人民政府环境保护主管部门报告，同时上报中华人民共和国环境保护部。省级人民政府环境保护主管部门接到报告后，应当进行核实并在 1 小时内报告中华人民共和国环境保护部。

针对突发环境事件的不同等级，其上报程序要求见表 4-3。

表 4-3　不同等级突发环境事件的报告程序

事件级别	报告人/单位	上报对象	上报时限
IV级（一般）	事件发生地设区的市级或者县级人民政府环境保护主管部门	本级人民政府和上一级人民政府环境保护主管部门	发现或得知突发环境事件 4 小时内
III级（较大）			
II级（重大）	事件发生地设区的市级或者县级人民政府环境保护主管部门	本级人民政府和省级人民政府环境保护主管部门，同时上报环境保护部	发现或得知突发环境事件 2 小时内进行上报；省级人民政府环境保护主管部门核实后 1 小时内报告中华人民共和国环境保护部
I级（特别重大）		省级人民政府环境保护主管部门接到报告后，应当进行核实后报告中华人民共和国环境保护部	

突发环境事件的报告分为初报、续报和处理结果报告三类。初报在发现或得知突发环境事件后首次上报；续报在查清有关基本情况、事件发展情况后随时上报；处理结果报告在突发环境事件处理完毕后上报。具体见表 4-4。

（4）启动应急预案

对突发环境事件情况核实属实的，按照属地为主、分级响应的原则，事发地县级以上人民政府根据事态级别确定响应级别，并启动或建议上级人民政府启动相应的突发环境事件应急预案，有关部门启动部门应急预案。成立现场应急指挥部等应急指挥机构，明确其组成和各职能部门职责。根据情况开展初期处置工作。开始各类应急救援力量动员工作。加强信息监测、收集、分析和交流工作。调集应急物资、器材、工具。安排人员救治、疏散、转移、安置等应急救援工作。

表 4-4 突发环境事件的报告内容与要求

类别	报告时间	报告方式	报告内容
初报	发现和得知突发环境事件后	可通过电话报告,但应当及时补充传真、网络、邮寄和面呈等方式的书面报告	突发环境事件的发生时间、地点、信息来源、事件起因和性质、基本过程、主要污染物和数量、监测数据、人员受害情况、饮用水水源地等环境敏感点受影响情况、事件发展趋势、处置情况、拟采取的措施以及下一步工作建议等初步情况,以及可能受到突发环境事件影响的环境敏感点的分布示意图
续报	查清有关基本情况后	传真、网络、邮寄和面呈等方式的书面报告	在初报的基础上,报告有关处置进展情况
处理结果报告	突发环境事件处理完毕后		在初报和续报的基础上,报告处理突发环境事件的措施、过程和结果,突发环境事件潜在或者间接危害以及损失、社会影响、处理后的遗留问题、责任追究等详细情况

（5）指挥、协调与指导

指挥、监督事件责任主体或有关部门、机构和其他应急救援力量启动并执行应急预案。视情况建议上级政府和部门启动上一级应急预案,采取相应的应急措施。命令有关部门、机构进入应急待命,并指挥其开展应急救援。指导下级政府和部门开展应急处置工作。提供专家指导和必要的人力、物力和财力支援。

（6）现场处置

突发环境事件发生后,责任企事业单位应按照相应的应急预案进行先期处置工作。事发地人民政府应立即派出有关部门及应急救援队伍赶赴现场,迅速开展处置工作。开展应急监测、迅速查明污染源、确定污染范围和污染状态;迅速组织、实施控制或切断污源，收集、转移和清除污染物，清洁受污染区域和介质等消除和减轻污染危害的措施，严防二次污染和次生、衍生事件发生。

（7）信息发布

根据时间报告的有关规定，及时向上级续报进展情况，及时向可能受影响地区和单位通报进展情况。

按照有关规定，通过政府公报、政府网站、新闻发布会以及报刊、广播、电视等多种方式和途径，统一、及时、准确地发布突发环境事件应急的有关信息，及时向社会公布应急处置情况。

（8）应急终止

有关职能部门根据现场应急处置进展情况，在符合应急终止条件时提出终止应急预案的建议。国家和地方政府在突发环境事件的威胁和危害得到控制或者消除后，下令停止应急处置工作，结束应急响应状态，采取必要的后续防范措施。

凡符合下列条件之一的，即满足应急终止条件：

① 事件现场危险状态得到控制，事件发生条件已经消除。

② 确认事件发生地人群、环境的各项主要健康、环境、生物及生态指标已经降低到常态水平。

③ 事件所造成的危害已经被彻底消除，无继发可能。

④ 事件现场的各种专业应急处置行动已无继续的必要。

⑤ 采取了必要的防护措施以保护公众免受再次伤害，并使事件可能引起的中长期影响趋于合理且尽量低的水平。

按照以下程序应急终止：

① 环境应急现场指挥部决定或事件责任单位提出终止时机，经环境应急现场指挥部批准。

② 环境应急现场指挥部向组织处置突发环境事件的人民政府和各专业应急救援队伍下达应急终止命令。

③ 应急状态终止后，国务院突发环境事件应急指挥机构组成部门应根据中华人民共和国国务院有关指示和实际情况，继续进行环境监测和评价工作，直至无须采取其他补救措施，转入常态管理为止。

<h1 style="text-align:center">第二节
应 急 监 测</h1>

　　实施应急监测是应急响应的延续，是应急处置、处理的前提和关键。应急监测是为了准确掌握环境突然污染事故的污染物种类和污染状况，为下一步及时准确处理、处置事故以及事故后修复措施提供科学的决策依据，采用快速的检测方法，对事故影响区域或潜在影响区域进行监测的活动。应急监测是突发环境污染事故应急处置和事后修复自始至终依赖的奠基工作。在与时间做赛跑的环境污染事故发生现场，及时高效、全面准确、连续实时的应急监测可以获取核心信息，掌握污染物种类和污染状况，同时结合地理地质、水文气象等参数，可以模拟或预测污染物扩散途径和路线，从而赢取宝贵的应急响应和处理处置时间，达到控制污染范围、缩短事故持续时间和有效处理处置的目的，尽可能减少事故损失。

一、应急监测预案的编制

　　编制应急监测预案，组建应急监测组织机构和人员分工，规定各类应急监测设备和材料的日常维护管理程序，可以加强应急监测单位对突发性环境事件的应变和监测能力，结合历史突发环境事故的监测经验，能够针对常见的或已发生过的污染事故进行快速响应，迅速开展应急监测，确保在紧急情况下响应及时、行动到位、数据准确，从而达到及时准确地掌握事件对环境造成或者可能造成污染程度的目的。

　　应急监测预案的主体内容应包括突发环境事件应急监测的适用范围、应急监测承担单位的组织机构与职责分工、应急监测工作分类及响应程序、应急监测方案或细则的制订原则、应急监测装备和物料的管理、质量保证与质量控制、预案更新等。

1. 应急监测的适用范围

应急监测承担单位应按属地、突发环境事件严重程度或响应等级、结合自身应急监测能力建设，来确定应急监测的适用范围，并明确在超出自身监测能力范围、响应等级上升或跨界污染事故发生时，应采取何种措施，联系上级部门或环境保护行政主管部门，禀明情况，请求支援。根据自身应急监测能力的建设，确定应急监测适用范围能否应对各种环境要素污染的应急监测，如固定污染源废气、环境空气、地表水、地下水、生态土壤等环境污染。

例如，应急监测承担单位若是企业公司，发生突发环境污染事故时，应结合自身能力开展厂界周边污染区域的应急监测工作，同时上报给当地环境保护行政主管部门，若事故污染程度较大，事态控制已无法由企业自身能力控制时，抑或是需要协调周边企业公司协助开展应急监测工作，应及时判断并请求环保部门进行支援和协调。应急监测承担单位若是区县级或地市级环境监测部门，在属地管理范围内发生突发环境污染事故时，应结合自身能力开展事故发生区域及可能受到影响区域的应急监测工作，同时上报给同级环境保护行政主管部门。若事故污染程度较大使得应急响应等级上升到省级或国家级层面时，抑或事故污染发生跨市、跨省、跨境等情况，已不适应本市应急监测的范围时，应及时上报并请求上级应急管理部门和监测部门介入，协调并开展各项工作。

2. 应急监测承担单位的组织机构与职责分工

应急监测预案应对应急监测承担单位响应事故的组织机构与人员职责分工进行规定，明确事故响应时的各自职能或任务分工，确保各项监测工作有序进行。

一般来说，组织机构至少应该包括领导小组和专业小组。应急监测组织机构简图如图 4-1 所示。

领导小组应由应急监测承担单位一把手及各部门主要负责人组成，主要职责包括负责应急监测任务的总指挥和总协调工作、人员调动和管理工作、应急监测现场的组织工作、监测方案或细则的制

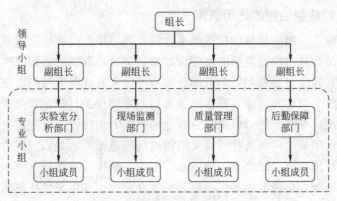

图 4-1 应急监测组织机构简图

订和落实工作、应急监测日常管理工作和后勤保障落实工作、应急监测的质量保证与质量控制工作、信息发布和报送工作、技术支撑工作等。

专业小组至少应该由现场监测部门、实验室分析部门、质量管理部门、后勤保障部门组成。前三个部门主要负责具体完成编制监测方案或细则、现场监测采样、实验室样品分析、实施质保质控措施、数据整理和报告编制工作，日常工作中还应包括应急专用设备的维护保养；后勤保障部门主要负责协调兄弟单位或上下级单位的协助设备或物资以及本单位应急监测必需的车辆、仪器设备（备件）、化学试剂或材料的配备、补充，此外还应负责现场监测人员的办公生活必需品供应，日常工作中还应包括应急专用车辆的维护保养。

3. 应急监测工作分类及响应程序

应急监测工作的分类，一般与突发环境污染事故等级、承担单位的具体职能和管辖范围有关。

一般情况下，突发环境污染事故等级根据污染影响范围的大小、污染物危害程度的高低来进行不同层次的划分。应急监测工作的分类与响应均与其密切相关。例如，对污染物事故影响范围大、污染物危害程度高、敏感地区受污染威胁，需全面测试评估和后续监测评价的，应以最高等级响应，集合全部应急监测力量出动，同时请求社会各界各类监测机构的帮助，尽可能联动协作，将具体情况反映到上级部门或环境保护行政主管部门，尤其介入统筹安排，协调指挥；对污染事故影响范围和污染物危害程度一般、未涉及敏感地区，需一般性测试评估的，在自身技术能力承担范围内的，由承担单位一力完成应急监测工作；对污染事故影响范围较小、污染物危害程度较低，只需了解掌握的，可由下属部门或出动部分力量进行应急监测工作。

此外，应急监测还应根据突发环境污染事故发生的污染物类型进行分类，可分成大气污染、水污染、土壤污染和生态破坏等；根据承担单位介入的时间可分为事故中应急监测和事故后跟踪监测；根据事故发生的位置可分为点源污染、线源污染、面源污染等。

4. 应急监测方案或细则的制定原则

（1）现场监测布点原则

应以掌握事故发生区域环境的污染危害程度为目的进行布点，一般以事故发生点及其附近为主，同时注重人群的工作、生活环境，且考虑可能对居住区的环境空气、饮用水源地、农耕土壤等区域安全影响进行布点。点位设置还应考虑经济性，以尽可能少的点位获取足够有代表性的实际污染状况；考虑交通性，点位的设置应该是交通便捷、方便可达，使得监测采样具有可行性和方便性；重点考虑人体健康短期急性危害，在重污染区域可能对人体造成暴露急性毒害的情况下，应减少该区域布点，采用无人监测设备（远程操作机器狗携带应急监测设备）或具防护设备的应急监测车载人和设备进入现场进行短时监测。

针对固定污染源和移动污染源的监测布点，应根据现场具体情况、产物环节部位或不同容器分别布设监测点；针对江河的监测应在事故发生点及其上、下游进行布点，上游一定距离布设对照断面（点），下游不同来水汇合对污染物造成稀释效应后布设多个控制断面（点）。若江河水流处于静止状态或流速较小，河水混合效应较弱，还应根据污染物的特性在不同水深层次分层布点采样；若事故发生点周边有饮用水取水口、备用饮用水取水口和农灌区取水口，则必须设置监测断面（点）。对湖（库）的监测应将点位布设在事故发生地中心，同时按水流方向在一定间隔的扇形或圆形区域内布点，并根据污染物的特性在不同水深层次分层布点采样，在入湖（库）水道上布设对照断面（点），必要时，在湖（库）出水口和饮用水取水口处设置监测断面（点）。对地下水的监测应以事故地点为中心，根据当地地下径流方向采用网格法或辐射法布设监测井采样，同时在地下水流的上方向，布设对照监测井，以地下水为饮用水源的取水处必须设置监测点。对大气污染事故的监测，应以事故发生地点为中心，在上、下风向处一定距离布设监测点，上风向设置对照点，下风向按一定间隔的扇形或圆形布设监控点，在可能受污染影响的环境敏感地区（如学校、医院、居民住宅区）或人群活动区域必须布设监控点，同时在监测过程中需同步监测气象参数，留意风向风速变化，及时调整方案，根据实时风向风速调整监控点位置；对土壤污染事故的监测，应以事故发生地点为中心，按一定间隔的圆形布点，并根据污染物的特性在不同深度土层采样，同时还应在未受事故污染的区域采集对照样品，必须时，还应采集污染区域内的作物样品。

（2）监测项目的确定原则

突发环境污染事故由于其发生突然性、污染行业类别多样性、化学成分复杂多变性、污染物伴生和迁移转化性等特性，使得应急监测项目往往无法第一时间确定，需要通过查阅污染源备案档案或备案资料，结合以往监测经验，采用多种快速检定途径进行确定。此时，快速获取特征污染物变得尤为重要，尽管监测项目确定难度较大，但部分污染事故的特征污染物仍是有迹可寻的。

针对固定污染源，应根据行业特征、污染源档案、排污申报登记信息、原辅材料、产品或中间产物、工艺流程、污染源治理设施、事故发生的部位等确定主要特征污染物和监测项目；针对移动源，可通过对相关人员（承运单位、承运司机、押运员或货主等）

进行询问，尽可能掌握第一手信息，若无法获知则可从运送货物的外包装、道路运输许可证、车辆编号等信息来确定主要特征污染物和监测项目；针对未知成分或污染物，则可通过现场特征（颜色、气味、物品的物理化学特性如见光分解、常温挥发、遇水反应等）、受害人员或动物的中毒症状、事故现场周围可能的产生源进行判断，实在无法进行判断，只能借助快速检测设备（如便携式气质联用仪、X射线荧光分析仪等）进行快速全面地分析来确定主要特征污染物和监测项目。

（3）监测方法和设备的确定原则

应急监测应充分利用现场快速监测方法，优先采用国家标准分析方法、行业统一分析方法，或者视情况可等效采用国际方法（ISO、EPA、JIS、WHO、EU）等其他分析方法。应急监测的首要任务是快速确定污染物的种类和浓度，尽可能在不影响监测结果的前提下简化前处理方法或选用前处理较为容易的监测方法和设备，因此在仪器设备选用上，应优先选用易于携带、方便读数、能快速定性/定量或定性/半定量的仪器设备。

（4）监测频次的确定原则

应以全面、客观地反映污染事故的影响程度为目的确定监测频次。监测频次首要考虑因素应该为污染源强度，其次是扩散速度、扩散范围和持续时间，应当结合环境区域功能及事发地点的地形、地貌等因素，以及监测断面或监测点所设功能目的，确定相应的监测频次。不同目的的点位布设可以采用不同的监测频次，例如，事故背景断面或背景点可以相应地减少监测频次，事故发生主要区域应着重加强监测。

5. 应急监测装备和物料的管理

应急监测装备不仅仅包括现场快速测量仪器设备，还应该包括常规实验室的精密分析设备，同时对快速测量的监测结果进行校验。因此，应急监测装备主要由专用车辆（放置有监测设备的应急监测车辆）、辅助车辆（人员或物资运输车辆）、现场（车载）采样监测仪器设备、实验室相关仪器设备、安全防护设施及其他辅助设备、物料组成。

应制订日常维护管理制度，并做好分工工作，将上述应急监测装备的日常维护和物料的准备落实到岗，确保状态良好、物资充沛，随时可响应出动应急监测。

6. 质量保证与质量控制

应急监测方案制订应快速、准确、注重实效性；选用的现场监测方法应具有相关认证资质或经过标准方法比对，仪器选择要进行校准和检定；专人专岗负责维护设备，确保实验室和现场监测仪器设备始终处于完好状态；严格执行培训和演习制度，定期开展应急监测人员的技能培训、事故演练等，保证监测人员能都熟练使用各类应急仪器设备。

7. 预案更新

应急监测预案应定时进行更新和修订，根据国家新出的各类质量标准和监测技术标准规范进行修订，同时还应结合国际上先进的快速分析技术补充完善预案的内容。

二、应急监测的实施

突发环境事故发生后，承担单位应依据应急监测预案要求，根据事故等级迅速启动相应的应急响应机制，调动人马开赴现场开展应急监测工作。

应急监测工作的开展包括三个阶段，准备阶段、监测阶段、数据报出阶段。

1. 准备阶段

准备阶段主要是开展应急监测工作前的各项准备工作，主要包括接报响应、人员调动、车辆安排、仪器设备和物资的准备、采样工具或样品容器、事故资料准备、具体监测方案/实施细则的制订等。

根据事故发生的特性和接报初步反馈资料，应急人员确定突发环境污染事故的类型，选择相应的应急监测设备和安全防护设施，并利用手头有限的资料着手制订初步监测方案，确定监测布点、监测项目、监测频次、监测方法等。在监测人员到达现场后，根据现场污染状况和更为详尽的资料，完善监测方案，划定污染区域、控制区域和对照区域，进行布点，明确监测断面（点），确定监测因子和频次，开始进行应急监测工作。

采样频次主要根据现场污染状况确定，事故刚发生时，采样频次应适当增加，待摸清污染物变化趋势和规律后，可相应减少频次。依据不同的环境区域功能和事故发生地的污染实际情况，力求以最低监测点位和监测频次，取得最有代表性的样品。

2. 监测阶段

监测方案制订后，及时开始进行应急监测。凡是具备现场测定条件的监测项目，应尽量进行现场测定。必要时，同时采集平行双样，另一份送交实验室分析测定，以校验现场快速分析测定的定性定量结果。现场监测仪器设备应包括检测试纸、快速检测管和便携式监测仪器等快速监测仪器设备，有条件的承担单位可配置便携式气相色谱-质谱联用分析仪、便携式红外光谱分析仪、X射线荧光分析仪等。

对事故污染物的采样应注意污染物的特性，根据不同的特性，采用的应对措施不同。根据污染物的特性（密度比重、挥发性、溶解度等），决定是否进行分层采样；判断污染物属于有机还是无机物质，选用不同材质容器存放样品。采样过程中还应注意以下事项，采集水样不可搅动底质沉积物，有需要则应按照相关规范采集底质样品；采集气样时，应考虑吸附管或吸收液的穿透性和饱和性，避免过饱和脱附或穿透逃逸。进入突发环境污染事故现场的应急监测人员，应注意自身的安全防护，不能确认现场安全，应尽量避免进入现场开展监测工作，尽可能采用无人探测器或采样器进行监测工作，实在需要进入现场开展工作，应当按规定佩戴必需的防护设备（如防护服、防毒呼吸面具等），亦可通过带氧气供应系统和发电系统的大气正压应急监测车载人和载设备深入现场开展监测。应急监测至少应两人同行，进入现场进行监测，应经现场指挥或警备人员许可，确认安全防护设施穿着到位，方可进入，在现场时间应尽可能短，快速完成监测工作后按指引退出事故现场。

样品应按一定的规定进行管理，确保样品从采集、保存、运输、接收、分析和处置等工作均处于受控状态，有序进行。一般情况下，突发环境污染事故的应急监测样品数量庞大，可按照环境要素或监测因子进行分类，并在样品标签和现场采样记录上记录响应的唯一性标志。该标志应包含有唯一性的样品编号、采样地点、监测因子、采样时间、采样人员、样品性状和分析状态等内容或标志，特别是针对有毒有害、易燃易爆等样品，更应在显目位置辅以特别标志、图案加以注明。

样品采集后，应按规定选择合适的存放容器和保存方法进行存放和保存，即使是现场快速进行分析，也应按规定保证样品采集后在保存和运输过程中不受影响而发生物理或化学的变化。对各类不同特性的样品（如易燃易爆性、有毒有害性等），应分类存放，按相关要求保存，如对易挥发性的化合物或高温不稳定的化合物，注意降温保存运输，在条件允许情况下可用车载冰箱或机制冰块降温保存，还可采用食用冰或大量深井水（湖水）、冰凉泉水等临时降温措施。样品运输前应将样品容器内、外盖（塞）盖（塞）紧；装箱时应用泡沫塑料等分隔，以防样品破损和倒翻。

采样监测应相应进行记录，时间和条件允许情况下，现场监测记录应格式规范、信息完整，主要应包括环境条件（气象条件）、监测项目、监测方法、监测仪器名称型号和编号、样品类型和采样量、监测时间、监测结果、监测断面（点）示意简图、各相关参与采样监测分析、复核和审核的人员签名等。每个样品箱内应有相应的样品采样记录单或送样清单，应有专门人员运送样品，如非采样人员运送样品，则采样人员和运送样品人员之间应有样品交接记录。样品交实验室时，双方应有交接手续，双方核对样品编号、样品名称、样品性状、样品数量、保存剂加入情况、采样日期、送样日期等信息，确认无误后在送样单或接样单上签字。对有毒有害、易燃易爆或性状不明的应急监测样品，特别是污染源样品，送样人员在送实验室时应告知接样人员或实验室人员样品的危险性，接样人员同时向实验室人员说明样品的危险性，实验室分析人员在分析时应注意安全。

采样后，为迅速查明突发环境污染事故污染物的种类、污染程度、影响范围和发展趋势，在已有调查资料的基础上，充分利用现场快速监测方法和实验室常规分析方法进行分析鉴别确认。可用检测试纸、快速检测管和便携式监测仪器在现场进行测定，应尽可能多测定，至少连续平行测定两次，以确认现场测定结果；亦可用周边现有的空气质量自动监测站、水质质量自动监测站和污染源在线监测系统等在用的监测方法；必要时，送实验室用不同的分析方法对现场监测结果校验加以确认和鉴别；使用方法可参照相应的使用说明，使用过程中应注意避免其他物质的干扰。

监测结果可用定性、半定量或定量的监测结果来表示。定性检测结果可用"检出"或"未检出"来表示，并备注监测项目的检出限；半定量监测结果可给出所测污染物的测定结果或测定结果范围，必要时给出不确定度或偏差范围；定量监测结果应给出所测污染物的测定结果（浓度）。

3. 数据报出阶段

结果报出后，应形成应急监测报告并第一时间向现场指挥部或领导小组报送，以作为下一阶段决策和调整监测方案的数据支撑。报告报送以及时、快速报送为原则，可采用各种通信手段（电话、短信、传真、电子邮件等）和报告形式（监测快报、简报等）报送监测结果等简要信息。

应急监测报告中至少应该包括以下内容：

① 标题名称。

② 报告期数、报告唯一性编号和每页页码、总页码等标志。

③ 监测单位名称和地址，进行分析监测的地点。

④ 监测内容及监测点位布设示意图。

⑤ 样品采集和分析的日期时间、参与人员。

⑥ 监测分析方法及检出限。

⑦ 检测结果和结果评价（必要时）。

⑧ 审核人、授权签字人签字等。

在以多种形式上报的应急监测结果报告（快报、简报等）中，应以最终正式上报的应急监测报告为准。

在应急监测报告中，对环境污染程度进行评价，可执行国家相应的环境质量标准《地表水环境质量标准》（GB 3838）、《地下水质量标准》（GB/T 14848）、《海水水质标准》（GB 3097）、《环境空气质量标准》（GB 3095）、《土壤环境质量标准》（GB 15618）等；对造成突发环境污染事故的企业单位造成的污染程度进行评价，可参照执行相应的综合排放标准或行业排放标准，事故若对周边环境造成影响，则可执行国家相应的环境质量标准；对某种国家目前尚未出台评价标准或排放限值的污染物，可根据当地环境保护行政主管部门、任务下达单位或事故涉及方认可，推荐的国际方法或标准进行评价。

当应急监测结果报出后，应视情况严重程度、污染物浓度高低和扩散影响范围大小等因素，对应急监测方案进行修订，使应急监测方案更能符合实际需要。

三、应急监测常用方法及设备

由于突发环境污染事故的种类繁多，污染情况复杂多变，各行各业都存在各自的风险点可能引发不同程度的污染事故，很多情况都是新发或前所未有的，这就需要依据应急监测指挥管理人员和技术人员的丰富经验，冷静果断应对，尤其是发生化学品泄漏或爆炸时，在未掌握第一手资料的情况下，只能靠监测人员或技术专家根据经验、气味、颜色、反应特性等症状做出初步判断，再选取适当的方法和设备进行应急监测，最好选取的方法和设备具有快速全扫描功能，能够一次进样分析获得尽可能多和全的污染物信息。一般来讲，有机污染物的监测分析选用气相色谱质谱联用仪，而重金属污染的监测分析则选用电感耦合等离子体质谱法，上述方法均可以以最快的速度扫出可能存在的污染物种类和浓度，但是往往采用实验室标准分析方法无法适应现场的需要，在现场无法立即采用上述最合适的方法时，简易监测技术和便携式监测设备就显得非常重要。尽管简易监测技术和便携式监测设备的分析精度较差，对污染物定量过程可能造成一定的误差影响，但是按照应急监测的原则，一般现场追求快速分析污染物种类和判断浓度的数量级更为重要，因此简易监测技术和便携式监测设备往往是应急监测的核心组成，在事故现场的开始阶段对事故的应急处置和减少损失发挥着巨大的作用。当然，也不能忽视实验室常规分析方法的作用，通常还需要结合实验室精密分析技术，校验简易方法和便携设备的监测分析结果，获取精确的定性和定量数据，为后期处理处置和修复工作的开展提供准确的数据依据。

应急监测常用设备根据污染物的种类和特性（有机污染物、无机污染物、金属元素、生物毒性等）可以分成几大类，其中有机污染物的监测设备主要包括气相色谱、液相色谱、气相色谱-质谱联用分析仪、液相色谱-质谱联用分析仪、高分辨率气相色谱-高分辨率质谱联用分析仪、傅立叶红外分光光度计、气体检测管以及便携式气相色谱、便携式气质联用仪等；无机污染物的监测设备主要包括 pH 计、水质试纸、水质多参数仪、溶解氧仪、电导率仪、分光光度计、气体检测管、便携式多参数气体检测仪等；金属元素的监测设备主要包括水质试纸、重金属快速检测分析仪、电化学检测仪器、原子吸收、原子荧光、冷原子荧光、测汞仪、电感耦合等离子体发射光谱/质谱、X-射线荧光分析仪、便携式 X-射线荧光分析仪等；生物毒性的监测设备主要包括急性毒性检测仪、便携式生物毒性测试仪等。由于应急监测的原则是尽可能快得到污染物种类和浓度水平，即定性-定量或定性-半定量的要求，所以一般应急监测设备有别于实验室传统常规分析设备的特点是要求小型、便携、简易、能快速出数据，像检测管、水质试纸等，均是采用简易监测技术的设备。

简易监测技术常用的方法包括简易比色法或检测管法。

简易比色法是指将试纸或试液与采集的样品进行反应，将试纸或试液的变色颜色类别深浅或程度与标准色列进行比较，从而确定污染物的种类和含量。该种方法是环境监测中常用的简单快速分析方法，不仅仅适用于应急监测，还适用于自行监测或执法监测前的初步判断。比色法根据其反应介质（试纸或试液）的不同，可以分成试纸比色法和试液比色法。

试纸比色法根据其反应特性的不同，可以分成两种，一种是将被测样品作用于试纸或被试剂浸泡过的试纸，使样品中的被测组分与试纸发生化学反应而产生颜色种类和深浅变化，再通过与标准色列进行比较得到污染物的种类和浓度；另一种则是将被测样品通过滤纸或被试剂浸泡过的滤纸，使样品中的被测组分被吸附或截留在滤纸上，再通过对滤纸滴加显色剂，根据显色颜色的深浅与标准色列进行比较得到污染物的种类和浓度。比如空气质量中的常规测试参数二氧化硫和二氧化氮，其试纸比色试剂分别为亚硝基五氰络铁酸钠＋硫酸锌、邻甲联苯胺或联苯胺，显色颜色分别为从浅玫瑰色变成砖红色、白色变成黄色；邻甲联苯胺还可作用于臭氧，使其显色颜色从白色变成蓝色；对重金属汞和铅，可以分别采用碘化亚铜和玫瑰红酸钠试剂，使其显色颜色分别从奶黄色变成玫瑰红色、白色变成红色。从例子中我们可以看出，同一种试剂或试剂，作用于不同污染物的时候，其显色作用是不同的，那么当被测样品中同时存在该两种污染物时，其反应作用不可避免地会发生互相干扰，严重时影响视觉判断，甚至会出现其他反应颜色使结果失效，因此试纸比色法虽便携性强，能简便、快速得到被测组分的污染物种类和浓度，但是精度不高，误差和干扰都较大，只能作为一种半定量的方法，作为便携式设备和实验室精密设备分析的辅助手段。

试液比色法则是将一定体积的被测样品溶液置于平底比色管

（纳氏比色管）中，加入显色剂并稀释到要求的刻度，必要时还需控制显色条件（如恒温、避光等），再与经过同样步骤处理的标准色列管进行目视比较，从而对比出其污染物的浓度。标准色列管是一系列采用不同浓度的待测污染物的标准溶液制成的。该方法使用简单，且比色管长，液层厚度高，特别适用于浓度较低或颜色较浅的溶液的比色测定，不适用于以气体为分析介质的污染物，但可作用于溶解或吸收成溶液态的气体组分。比如二氧化硫可通过品红或甲醛或硫酸吸收，其颜色变化随着浓度高低，从无色到紫色不等；而氮氧化物则可通过盐酸萘乙二胺或对氨基苯磺酸吸收，显色颜色从无色到玫瑰红色，颜色越深，污染物浓度越大；像硫化氢和苯，均可以采用硫酸吸收，显色颜色分别从无色到黄褐色、无色到橙色。

检测管法是将被测气态样品以一定流速通过内含预制填充物的玻璃管，使被测组分与柱状填充物发生显色反应，从而根据生成具色化合物的颜色深浅来判断其被测组分的种类，通过填充柱的变色长度确定被测组分的浓度。通常采用试剂浸泡过的多孔颗粒状载体作为填充物，其主要起到的作用是将试剂吸附在上，保证通过填充物的气流中被测组分能迅速充分地与试剂发生显色反应。因此，该种多孔颗粒状载体应具有化学惰性、质地牢固但易制成一定大小的颗粒状、颜色浅（最好为白色，便于观察显色反应）、表面粗糙且多孔（吸附表面积大）。符合上述特征的常见载体主要有硅胶、素陶瓷、活性氧化铝等。

根据预制填充物的不同可以制成不同类型的检测管，分别用于测试特定的污染物，该方法具有现场使用方便、测试快速、便于携带等优点，还具备一定的准确度，但由于其填充物长度和保存的限制，使得其测定范围、采气体积、抽气速度和使用期限有一定的限制，因此需要严格按规定操作才能保证准确性。

常用的检测管主要有用于测定一氧化碳（试剂为硫酸钯、钼酸铵、硫酸，填充物为硅胶，颜色变化从黄变为绿再变为蓝；或者试剂为发烟硫酸、五氧化二碘，填充物为硅胶，颜色从白变为绿）、二氧化碳（试剂为百里酚酞、氢氧化钠，填充物为氧化铝，颜色变化从蓝变白）、二氧化硫（试剂为亚硝基铁氰化钠、氯化锌、六亚甲基四胺，填充物为陶瓷，颜色变化从棕黄变为红）、氨（试剂为百里酚蓝、乙醇、硫酸，填充物为硅胶，颜色变化从红变黄）、汞（试剂为碘化亚铜，填充物为硅胶，颜色变化从灰黄变为淡橙）等。

除了简易监测技术，应急监测中常依赖的监测方法还包括使用便携式监测设备对污染物或待测样品进行分析。表 4-5 列举了几种常见的便携式监测设备。

表 4-5 常见便携式监测设备

仪器名称	仪器型号	仪器用途	特点
便携式傅立叶变换红外多组分气体分析仪	GASMET DX4020	应急监测、排放分析、消防防化、催化转化研究、过程控制、劳动环境分析、半导体生产、医疗分析等	1. 中红外范围全谱分析，同时分析自然界绝大多数有机、无机气体，无须除水 2. 对未知气体进行查找，自动记录并保存现场吸收图谱，用于事后回放、分析 3. 可同时显示 50 个气体成分的分析结果，可自动干扰校整 4. 出厂一次标定，无需再次标定，可自选量程并设置报警限，抗震性能达军方标准 5. 直接气泵采样，可分析强腐蚀性气、神经糜烂性毒气（如 HCl，HCN，NH_3 等） 6. 可采用交流电源或车载电源，日常维护极少，费用很低
便携式红外光谱仪	IR100	对带有红外光谱特征的物质进行定性分析，如有机溶剂、生化药品、毒性化学品等	1. 配置 21000 张谱图，能做出快速检索判断。 2. 角镜干涉仪，抗震设计

续表

仪器名称	仪器型号	仪器用途	特点
便携式气相色谱质谱联用仪	HAPSITE SMART	快速测定沸点小于180℃,分子量 45～300amu,非腐蚀性的VOCs,包括有机溶剂、化学武器试剂、挥发性硫化物等。不能测定金属、放射性物质、金属有机化合物、无机以及永久性气体、爆炸物等	轻便、快捷、适于野外与应急监测
重金属分析仪	PDV6000	测定水质中的铜、铅、锌、镉、砷、汞含量	—
急性毒性检测仪	DeltaTOX	水质综合毒性检测	—
多参数水质测试仪	YSI 6920	测量水质 pH、溶解氧、电导率、水温等项目	—
声学多普勒水流剖面集成系统(河猫)	River Surveyor	测定河水流速、流量	—
化学战剂分析仪	Chem Pro100	化学战剂和毒物检测:塔崩、沙林、棱曼、甲氟磷酸环己脂、维埃克斯、芥子气、路易氏气、氢氰酸	集监控/探测于一体的手持式设备
多气体监测仪	TY-2000B	11 种有毒有害气体检测:氯气、氰化氢、氯化氢、氨气、氟化氢、硫化氢、酸气、氢化砷、磷化氢、甲烷、光气	一机多用

续表

仪器名称	仪器型号	仪器用途	特点
突发事件有毒有害气体检测箱	P-51	检测 SO_2、NH_3、CO、Cl_2、汽油、苯、H_2S、CO_2、HCl、NO_x、部分有机气体的定性	—
便携式测汞仪	VM-3000	测定空气和废气中汞蒸气含量	—
TVOC 检测仪	ppbRAE 3000	TVOC 浓度监测	—
油分析仪移动监测系统	enviro FLU-HC	监测水中油类含量	—
便携式测油仪	OilTech121B	检测石油类	—
水质毒性检测仪	BHP9514	水质毒性监测及分析	—
便携式水质毒性分析仪	HACH Eclox	分析水质毒性	—
溴化镧便携式 γ 能谱仪	Model 711	核素分析	—

四、应急监测方案编制案例

演练模拟污染事件场景：20××年××月××日，天气状况晴，早上10:00左右，广州市某公司发生不明气体爆炸，部分废气泄漏到环境中。装置区报警仪器报警后，厂方随即启动公司一级响应，对事故现场进行处置，并疏散民众，同时通知广东省环境保护厅应急办等相关部门预警；爆炸产生的废气，威胁到厂区附近甚至威胁广州城区大气环境安全。

该公司位于广州市海珠区，附近分布着住宅区、学校等敏感点，其中××社区距事发地仅200米。

根据《广东省环保厅突发环境事件应急预案》，此次事件属二级应急响应，由省环保厅组织环境应急处置工作。事件发生后，接省环保厅指令，应急监测承担单位应急监测人员立即赶赴现场，并根据现场调查情况和《广东省环保系统突发环境事件应急监测预案》要求，制订应急监测方案。方案内容如下：

按照《突发环境事件应急监测技术规范》（HJ 589—2010）的规定，在泄漏点上风向设置 1 个对照监测点，在下风向设 1 个监控点，为了解废气对周边环境的影响，在距离泄漏点最近的敏感点××社区布设一个监测点。无组织排放及环境空气监测内容见表 4-6。演练期间，挥发性有机物等污染因子采用便携式应急仪器监测。

表 4-6　监测因子及监测频次

监测点位		断面性质	监测因子	监测频次
上风向	距离事故中心 500m（○1）	参照点	气象参数（气温、气压、风向、风速），挥发性有机物（VOCs）（硫化氢、甲醛、化学试剂、苯、甲苯、乙苯、二甲苯等）	H_2S 1 次/10min，其他因子 1 次/30min，应急响应终止结束采样
下风向	距离事故中心 500m（○2）	控制点		
—	××社区	敏感点		

采样监测分析方法见表 4-7。

表 4-7　采样监测分析方法

类型	监测因子	分析方法	仪器
无组织废气	硫化氢	电化学法	多气体监测仪 TY-2000B
	甲苯		
	化学试剂	电化学法	化学试剂分析仪 ChemPro100
	其他 VOCs	傅里叶红外法	便携式傅里叶变换红外多组分气体分析仪 GASMET DX 4020
		便携式气质联用法	便携式气相色谱质谱联用仪 HAPSITE SMART

质量保证及质量控制措施：现场监测采样时，确保使用器材的合格、有效；用于应急监测的便携式监测仪器，应定期进行校准或核查，并进行日常维护、保养；另外，应保证样品从采集、分析、处置的全过程都有记录，确保样品管理处在受控状态，监测人员持证上岗，监测数据经三级审核。

评价标准：根据大气环境功能区划，确定监测结果评价标准。硫化氢浓度参照执行《恶臭污染物排放标准》（GB 14554—1993）二级现有项目厂界标准限值；苯系物参照执行广东省《大气污染物排放限值》（DB 44/27—2001）第二时段无组织排放监控浓度限值，相关的标准限值见表 4-8。

表 4-8 执行标准限值

类型	监测因子	单位	标准限值	参照标准名称
无组织废气与环境空气	苯	mg/m³	0.4	广东省《大气污染物排放限值》(DB 44/27—2001)第二时段无组织排放监控浓度限值
	甲苯	mg/m³	2.4	
	二甲苯	mg/m³	1.2	
	VOCs	mg/m³	2.0	印刷行业挥发性有机化合物排放标准控浓度限值(DB 44/815—2010)
	硫化氢	mg/m³	0.1	《恶臭污染物排放标准》(GB 14554—1993)二级现有项目厂界标准限值

应急监测方案制订、现场监测由承担单位现场监测部门负责，分成现场监测小组和数据统计组。应急监测任务下达及应急监测任务终止命令由省环保厅总指挥负责。

各监测小组成员每次现场监测后马上通过手机电话、电子邮件或手机短信方式将监测结果报送至数据统计组，由数据分析组审核后报送现场指挥部（领导小组）。

应急终止条件：

① 当环境污染事故得到有效控制，受污染区域主要环境监测指标稳定达到正常浓度水平，可向应急总指挥建议终止应急响应。正常浓度水平判定依据可为相应环境质量标准限值或常规监测结

果，具体由应急指挥组讨论确定。

② 接到应急总指挥终止应急响应的指令后，终止应急监测。

本方案实施过程可根据实际情况调整。

第三节
应 急 处 置

这里所说的应急处置技术主要是针对引发污染事故的污染源而言，因此是局部的应对措施，但这些却是在污染事故发生后的第一时间必须采取的处置行动。如果采用的技术和方法得当，则大大有利于对事故的控制，甚至可以化险为夷，避免大范围的污染事件。

一、应急处置技术的针对性

环境污染事故可以由不同类型的危险源、不同的原因、在不同的地点、以不同的方式形成，针对事故源的处置技术有共性的地方，更有各自的不同，应根据危险源的性质和事故的类型及其危害特性适当选用。

1. 事故源的表现特征

环境污染事故发生源从其运动状态的角度可分为固定源和移动源两大类；从事故危害的方式的角度可分为易燃/易爆类、有毒/有害类、有害生物类三大类。不同运动状态和危害方式的危险源发生事故的原因和特点及危害不同，因此对应的处置方法也有别。

（1）固定源

固定源主要是生产、储存、使用、处置污染性危险物质的企业、装置、设施和场所。其事故一般为生产性事故，以化工行业为多。事故发生原因如下：

① 工业生产装置、设备、场所因技术工艺缺陷，设备及相关公共设施故障，人为不安全行为，自然灾害，安全管理不到位等因素发生重大火灾、爆炸、泄露导致毒物泄漏扩散至环境。

② 工业原料、中间体、产品储存装置、设施或场所因装置、设施故障，人为不安全行为，自然灾害，安全管理不到位等因素发生重大火灾、爆炸、泄漏导致毒物泄漏扩散至环境。

③ 废弃污染性物质未经安全处置或处置不当发生泄漏，人为或事故性因素导致的废物不当排放，如农药等化工企业废水未经处理直接排放等。

④ 其他使用、加工危险物质的企业、场所因管理、操作、设施故障等原因发生上述事故。

（2）移动源

重大环境污染事故的另一发生源是移动源，即发生于危险物质的装卸、运输过程，包括危险性化工原料、产品或危险废物等在装卸、运输过程中因各种原因导致的燃烧、爆炸及泄漏导致的有毒有害物质泄漏扩散。

（3）易燃易爆类

易燃易爆危险物质产生的事故主要有以下几种。

① 火灾事故　包括：易燃液体火灾、易燃固体火灾、自然物品火灾、遇湿易燃物品火灾。

② 爆炸事故　主要指易燃易爆品发生化学反应的爆炸事故或液化气体和压缩气体的物理爆炸事故。

（4）有毒有害类

有毒有害物质造成的环境污染是环境污染事故最主要的类型。主要是由有毒化学品、农药等在生产、使用、管理、处置过程中因种种原因造成泄漏所致，也有的是因发生燃烧、爆炸导致有毒物质大量泄漏。

二、污染事故处置技术要点

1. 相关信息源

国内外有一系列出版物和网站推荐了针对不同物质的污染事故处置技术。

（1）中华人民共和国环境保护部《环境应急手册》

《环境应急手册》选择收录了在我国生产、运输、储存、使用量大，污染事故发生频率高、危害严重的 51 种有毒有害化学品，并着重从环境污染事故应急处理的角度，侧重介绍这些化学品的理化特性、稳定性和危险性、环境行为、环境标准、毒理学资料、安全防护措施、应急措施（急救措施、泄漏处理、消解方法）、环境监测方法等，同时提供了相关的法律法规和基础知识。

（2）《突然性污染事故中危险品档案库》

《突发性污染事故中危险品档案库》收录了有毒有害物质共1361 种，对每种物质所列内容和数据为 6 项，主要包括：物质的理化特性；对环境的影响；现场应急监测方法；实验室监测方法；环境标准；应急处理处置方法。可以根据物质的中文名称、英文名称进行查询，也可以根据化学品分类进行查询，还可以根据化学品的中文名称或 CAS 号进行模糊检索。

（3）《危险化学品应急处置速查手册》

《危险化学品应急处置速查手册》提供了危险化学品事故现场处置基本程序、危险化学品危害、事故处置方案、泄漏时的隔离、撤离和防护距离、有毒化学品中毒现场急救等资料。包括危险化学品（气体类、液体类、固体类）泄漏、爆炸燃烧事故现场处置基本程序，其基本程序包括：防护；询情；侦检；警戒；救生；控险；堵漏（灭火）；输转；救护；洗消；清理；警示等。

（4）《Emergency Response Guidebook（ERG）》

该系列共收录危险化学品 4000 余种，按照国际危险品分级制分为 9 等，对每种危险品均编有识别号码，并将该种危险品的危险性、公共安全性和事故的应急处理办法分门别类归纳 62 种。在每种中分别说明：危险性（对健康的危险性，火灾和爆炸危险性）；公共安全性（一般性保护措施，防护服，在泄漏或火灾情况下的撤离）；应急措施（火灾、溢出或泄漏的急救方法）。

该手册对 200 余种化学物质发生事故后事故区隔离和人员防护最低距离提出了建议。还列出了遇水产生反应的 90 种危险化学品。

（5）《化学事故和应急救援》

该书详细地介绍了泄漏处置的基本方法，如堵漏、围堤堵截、挖掘沟槽收容泄漏物、覆盖、稀释、收容、用吸附法处理泄漏物、中和泄漏物、用固化法处理泄漏物等，以及扑救不同类型火灾的基本对策，包括压缩或液化气体、易燃液体、爆炸物品、遇湿易燃物品、毒害品和腐蚀品、易燃固体和易燃物品、放射性物品等引起的火灾。

2. 重大事故处理处置的主要环节

事故应急首先要对火灾、爆炸危险实施控制，制止危险物质的进一步泄漏，在对危险源实施控制之后，针对已散落至环境中的污染源、污染物再进行清理以消除污染。事故污染处置的主要环节应包括对污染源的危害识别，处置方法的确定与实施，环境监测方案的制订与实施以及处置后环境恢复措施的制订与实施等。

（1）污染源的危害识别

无论是事故应急还是事后污染处置，对污染源的危害识别是污染处置的关键与基础。

① 污染源分析

a. 事故发生源基本情况：发生事故单位的名称、地址、规模、生产（储存、使用）危害品种类及其危害特性、工艺流程及技术要求等。

b. 环境状况：危害区域内事故源附近地域地形、地貌、水源、气象等条件，环境敏感目标分布，事故源周围其他危险源分布情况。

② 污染物认定

a. 调查分析事故概况，对污染物进行初步认定，包括事故类型（燃烧、爆炸、有毒物质大量泄漏等），发生原因、装置、引发物，过程生成物（反应物），环境转化物等。

b. 通过危害、中毒症状初步认定污染物。

c. 通过侦检及已散落至环境中的主要危险（污染）物质的种

类、成分、数量（浓度）、形态（气、液、固）。

③ 危害辨识（事故后果）

a. 危害特性：主要污染物性质（易燃、易爆、毒害、腐蚀等），危险物质相互反应性，主、次危害性，直接与潜在的危害性；主要的危险性装置/污染源。

b. 危害对象：环境介质、生物、环境敏感目标。

c. 危害范围：有毒有害物品源高、可能释放的源强，超标情况，危害区域划分，事故对周边其他危险源波及的可能性与后果。

（2）处置方案制订及实施

针对不同事故特点，对事故处置程序、技术方法及处置装备、人员防护要求作出规定，并对处置中产生的废弃物处理及处置过程二次污染防治等做出要求。处置方案制订应在对污染源、污染物危害辨识的基础上，根据危害物性质、危害范围、程度及所处环境、气象、周边环境敏感目标等具体情况，以及相应的消毒、堵漏、防护、监测等技术方面的要求，制订整体处置方案。

① 污染处置方案

a. 泄漏、燃烧等产生的污染物处置：根据不同污染物性质、形态选择确定不同环境介质中污染物处置方法与技术要求，包括堵漏、拦截、回收、稀释、中和、覆盖、泄压、转移、收集等，收集物转移及最终处置等措施，处置的场地、设施要求。

b. 处置过程废弃物处理：处置过程可能出现的洒落、泄漏、处置不当等二次污染，处置过程使用、产生、废弃的污染性物质（包括废弃包装物等）的处理方法与技术要求。

c. 现场清理和洗消：对污染区域作业人员、服装、器材装备、车辆、建筑和地面等多种染毒对象等进行清洗、消毒，消除污染物对人体和器材装备的侵害。根据不同污染物性质选择确定洗消方法和洗消残液处理方法。

② 各类处置方法所需要的装备/材料、人员防护等技术安全要求

包括回收、处置需要的装备、材料及安全、防护、急救、灭火

等措施，储存、包装、转运运输安全与技术要求。

（3）环境质量监测方案制订及实施

① 待处置污染物的定性检测

a. 已知或可推断污染物（包括混合型污染物）的检测方法。

b. 未知污染物（包括混合型污染物）的定性检测。

② 事故现场与影响区域环境状况监测　根据事故环境危害现状和可能存在的长期环境影响，确定环境监测方案，包括：

a. 监测的指标，环境标准，监测方法。

b. 监测方案：监测点布置、频次、取样方法。

c. 监测所需器材设备。

③ 环境与生态修复方案制订与实施

a. 各类污染物的环境标准。

b. 必要的环境治理与生态破坏修复措施。

c. 其他环境污染隐患消除措施。

d. 处置后环境质量恢复目标。

常见的重大环境污染事故处置与防护装备见表 4-9。

表 4-9　常见的重大环境污染事故处置与防护装备

类别	主要装备实例
侦检装备	可燃、有毒气体探测仪及监测装置；生命探测仪；红外火源探测仪；瓦斯遥测、报警、断电装置；侦检机器人；军事毒剂侦检仪；水质分析仪；烟雾视像仪；核放射控测仪；综合电子气象仪等
防护装备	头盔；防毒面罩；防化服；防化防核服；防化、防刺、防高温、电绝缘手套；防化靴；空气呼吸器；固定或移动式供气源等
洗消封堵装备	各种防化洗消车；小型洗消器；洗消、排水泵；洗消帐蓬热水器；排污、烘干、消毒设备；洗消剂；各种堵漏器；堵漏袋；封漏套管，堵漏枪、堵漏胶、堵漏楔、阻流袋、堵漏剂等
救援转输装备	救援车，照明车，躯体固定气囊，发光救生线，逃生面具，可洗消担架，殓尸袋，防爆强光照明灯，各种现场警告、警示标志，多功能毒液抽吸泵，有毒物质密封桶，消防直升机等

三、典型污染处置技术

1. 泄漏物污染处置常见方法

（1）控制泄漏源

① 强行止漏法　无论是火灾还是泄漏，必须采取强行的手段实施止漏，能关阀的要强行关阀止漏，不能关阀的要设法堵漏，首先要从源头上控制住。

② 强行疏散法　当泄漏后引起燃烧或产生有毒有害气体，必须优先考虑强行疏散，即将不燃、不泄漏的物品和容器实行强行疏散，已建立安全隔离带，制止灾情进一步扩大，然后再处置燃烧或泄漏的物质。

③ 强行窒息吸附法　危险物质一旦泄漏，大多数情况是燃烧与有毒物质并存。此时应使用干粉、水泥粉强行实施窒息灭火或吸附的方法，将燃烧的火焰先予以窒息或将泄漏的物质予以吸附，待灾情控制后，再将未破损的物品疏散转移。

（2）处置泄漏物

控制泄漏源后，及时对现场泄漏物进行覆盖、收容、稀释、处理，使泄漏物得到安全可靠的处置，防止二次事故的发生。地面泄漏物处置方法主要有：

① 围堤堵截或挖掘沟槽收容泄漏物　如果化学品为液体，泄漏到地面上时会四处蔓延扩散，难以收集处理。为此需筑堤堵截或者挖掘沟槽引流、收容泄漏物到安全地点。储罐区发生液体泄漏时，要及时关闭雨水阀，防止物料沿明沟外流。

通常根据泄漏物流动情况修筑围堤栏或挖掘沟槽堵截、收容泄漏物。常见的围堤有环形、直线型、V 形等。如果泄漏发生在平地上，则在泄漏点的周围修筑环型堤。泄漏发生在斜坡上，则在泄漏物流动的下方修筑 V 形堤。泄漏物沿一个方向流动，则在其流动的下方挖掘沟槽。如果泄漏物是四散而流，则在泄漏点周围挖掘环形沟槽。

修筑围堤、挖掘沟槽的地点既要离泄漏点足够远，保证有足够的时间在泄漏物到达前修好围堤、挖好沟槽，又要避免离泄漏点太远，使污染区域扩大。如泄漏物是易燃物，操作时应注意避免发生火灾。

② 覆盖减少泄漏物蒸发　对于液体泄漏，为降低物料向大气中的蒸发速度，可用泡沫或其他覆盖物品覆盖外泄的物料，在其表面形成覆盖层，抑制其蒸发，或者采用低温冷却来降低泄漏物的蒸发。

a. 泡沫覆盖。使用泡沫覆盖阻止泄漏物的挥发，降低泄漏物对大气的危害和泄漏物的燃烧性。泡沫覆盖必须和其他的收容措施（如围堤、沟槽等）配合使用。通常泡沫覆盖只适用于陆地泄漏物，根据泄漏物的特性选择合适的泡沫。

b. 低温冷却降低泄漏物的蒸发。将冷冻剂散布于整个泄漏物的表面，减少有害泄漏物的挥发。在许多情况下，冷冻剂不仅降低有害泄漏物的蒸汽压，而且能通过冷冻将泄漏物固定住。常用的冷冻剂有二氧化碳、液氮和湿冰。选用何种冷冻剂取决于冷冻剂对泄漏物的冷冻效果和环境因素。应用低温冷却时必须考虑冷冻剂对随后采取的处理措施的影响。

③ 稀释　毒气泄漏事故或一些遇水反应化学品会产生大量的有毒有害气体且溶于水，事故地周围人员一时难以疏散。为减少大气污染，应在下风、侧下风以及人员较多方向采用水枪或消防水带向有害物蒸汽云喷射雾状水或设置水幕水带，也可在上风方向设置直流水枪垂直喷射，形成大范围水雾覆盖区域，稀释、吸收有毒有害气体，加速气体向高空扩散。在使用这一技术时，将产生大量的被污染水，因此应疏通污水排放系统。对于可燃物，也可以在现场施放大量水蒸气或氮气，破坏燃烧条件。

④ 吸附、中和、固化泄漏物　泄漏量小时，可用沙子、吸附材料、中和材料等吸收中和，或者用固化法处理泄漏物。

a. 吸附法处理泄漏物。所有的陆地泄漏和某些有机物的水中泄漏都可用吸附法处理。吸附法处理泄漏物的关键是选择合适的吸附剂。常用的吸附剂有：活性炭、天然有机吸附剂、天然无机吸附剂、合成吸附剂。

b. 中和泄漏物。中和法要求最终 pH 值控制为 6～9，反应期间必须监测 pH 值变化。遇水反应危险化学品生成的有毒有害气体，大多数呈酸性，可在消防车中加入碱液，使用雾状水予以中和。当碱液一时难以找到，可在水箱内找些干粉、洗衣粉等，同样可起中和效果。

对于水体泄漏物，如果中和过程中可能产生金属离子，必须用沉淀剂清除。中和反应常常是剧烈的，由于放热和生成气体产生沸腾和飞溅，所以应急人员必须穿防酸碱工作服，戴防烟雾呼吸器。可以通过降低反应温度和稀释反应物来控制飞溅。

c. 用固化法处理泄漏物。通过加入能与泄漏物发生化学反应的固化剂或稳定剂使泄漏物转化成稳定形式，以便处理、运输和处置。有的泄漏物变成稳定形式后，由原来的有害变成了无害，可原地堆放不需进一步处理；有的泄漏物变成稳定形式后仍然有害，必须运至废物处理场所进一步处理或在专用废弃场所掩埋。常见的固化剂有水泥、凝胶、石灰。

⑤ 污染物收集 处置中根据泄漏物质性质和形态对不同性质、形态的污染物，采用不同大小和不同材质的盛装装置进行包装收集：

a. 带塞钢圆桶或钢圆罐，盛装废油和废溶剂。

b. 带卡箍盖钢圆桶，盛装固态或半固态有机物。

c. 塑料桶或聚乙烯罐，盛装无机盐液。

d. 带卡箍盖钢圆桶或塑料桶，散装固态或半固态危险物质。

e. 储罐，适宜于储存可通过管线、皮带等输送方式送进或输出的散装液态危险物质。

2. 毒气污染常用处置对策

（1）处置前救援及准备工作

处置开始前必须准备足够的氧气、空气呼吸器及其他特种防毒器具，配备好人员、车辆、个人防护装备；迅速查明毒源，划定警戒区域，遵循"救人第一"的原则，积极抢救已中毒人员，疏散受毒气威胁的群众。救援基本完成后迅速展开处置。

（2）消除毒气源及泄漏的毒气

消防人员应与事故单位的专业技术人员密切配合，采用关闭阀门，修补容器、管道等方法，阻止毒气从管道、容器、设备的裂缝处继续外泄。同时对已泄漏出来的毒气及时进行清理消除，常用的消除方法有以下几种。

① 污染洗消。在毒气事故救援现场利用喷洒洗消液，抛洒粉状消毒剂等方式消除毒气污染。在事故发生初期，对事故发生点、设备或厂房洗消，把污染源严密控制在最小范围内。当污染蔓延时，对下风方向暴露的设备、厂房，特别是高大建筑物喷洒洗消液，抛撒粉状消毒剂，形成保护层，污染降落物或流经时即可产生反应，降低甚至消除危害。在污染源控制后，从事故发生地开始向下风方向对污染区逐次推进全面而彻底的洗消。常见的毒气与可使用的中和剂见表 4-10。

表 4-10 常见的毒气与可使用的中和剂（浓度为 5％左右）

毒气名称	中和剂
氨气	水
一氧化碳	苏打等碱性溶液、氯化铜溶液
氯气	消石灰及其溶液、苏打等碱性溶液
氯化氢	水、苏打等碱性溶液
氯甲烷	氨气
液化石油气	水
氰化氢	苏打等碱性溶液、硫酸铁的苏打溶液
硫化氢	苏打等碱性溶液、水
光气	苏打、碳酸钙等碱性溶液
氟	水

表4-11 典型污染物污染处置技术

物质	危害、危险特性	处置方法		
		方法	防护	消防
氯(氯气、液氯)	高毒,强刺激性气体,对水生物毒性大。不燃,但一般可燃物大都能在氯气中燃烧,一般易燃气体或蒸气都能与氯气形成爆炸性混合物。与石油、乙醚、氨、燃料气、烃类、松节气、金属粉末等猛烈反应发生爆炸,金属和非金属都有腐蚀作用。几乎对所有金属和非金属都有腐蚀作用。燃烧(分解)产物:氯化氢	迅速撤离泄漏污染物污染区人员至上风处,并立即进行隔离,小泄漏时隔150m,大泄漏时隔450m。尽可能切断泄漏源。合理通风,加速扩散。喷雾状水稀释、溶解、构筑围堤或挖坑收容产生的大量废水。如有可能,用管道将泄漏物导致还原剂(酸式硫酸钠或酸式碳酸钠)溶液,也可以将余气用抽风机器送至水灰乳液中。对被余废气相连的通风橱内洗塔或与塔相连的通风橱内。废弃物处置方法:把废气通入过量的还原性溶液中(亚硫酸氢钠、亚铁盐、硫代亚硫酸钠溶液),中和后用水冲至废水系统	戴自给正压式呼吸器,穿戴面罩式呼吸器,穿戴布防毒衣,戴化学安全防护眼镜,戴橡胶手套	消防员佩戴过滤式防毒面具(全面罩)或穿全身防火、防毒服,在上风处灭火。切断气源。喷水冷却容器,可能的话将容器从火场移至空旷处。灭火剂:雾状水、泡沫、干粉

续表

物质	危害、危险特性	处置方法		
		方法	防护	消防
氨(氨气、液氨)	强刺激性毒性气体。与空气混合能形成爆炸性混合物，遇明火、高热能引起燃烧爆炸。与氟、氯等接触会发生剧烈的化学反应。若遇高热，容器内压增大，有开裂和爆炸的危险。燃烧(分解)产物：氧化氮、氨	钢瓶泄漏应使阀门门处于顶部，并关闭阀门。无法关闭时，应将气瓶送入水中。迅速撤离泄漏污染区人员至上风处，并立即隔离150m，严格限制出入。切断火源。尽可能切断泄漏源。合理通风，加速扩散。高浓度泄漏区，加速通风，加速度泄漏源。若是盐酸的雾状水收容产生的大量废水。如有可能围堤或挖坑收容产生的大量废水，如有可能将残余气或漏出气用排风机送至水洗塔或与塔相连的通风橱内。废弃物处置方法：废料液用水稀释，加盐酸中和后，排入废水系统	戴自给正压式呼吸器，穿防静电工作服。戴化学安全防护眼镜。戴橡胶耐酸碱手套	消防人员必须穿戴全身防火防毒服。切断气源。若不能切断气源，则不允许熄灭正在燃烧的气体。切断气源，则不允许熄灭正在燃烧的气体。正在燃烧，若处置再点火灭火，不让其泄漏将容器从火场移至空旷处。喷水冷却容器，可能的话将容器从火场移至空旷处。灭火剂：雾状水、抗溶性泡沫、二氧化碳、砂土
硫化氢(气体)	强烈神经毒物。易燃。与空气混合能形成爆炸性混合物，遇明火、高热能引起燃烧爆炸。与浓硝酸、发烟硫酸或其他强氧化剂剧烈反应，发生爆炸。气体比空气重，能在较低处扩散到相当远的地方，遇明火会引起回燃。燃烧(分解)产物：氧化硫	迅速撤离泄漏污染区人员至上风处，并立即进行隔离，小泄漏隔离150m，大泄漏隔离300m，处置人员从上风处进入现场。尽可能切断泄漏源。合理通风，加速扩散。处置人员从上风处进入现场。喷雾状水稀释、溶解。如有可能，构筑围堤或挖坑收容产生的大量废水。如有可能，将残余气或漏出气用排风机送至水洗塔或与塔相连的通风橱内。或使其通过三氯化铁水溶液、管路装上防溶液回流装置以防溶液倒吸	戴正压自给式呼吸器，穿防护服。全身防护。戴化学安全防护眼镜。防护眼镜，戴防化学品手套	切断气源。若不能立即切断气源，则不允许熄灭正在燃烧的气体。则不允许熄灭正在燃烧的气体。若正在燃烧，若处置再点火灭火，不让其泄漏残余容器。喷水冷却容器，可能移场至空旷处。灭火剂：雾状水、泡沫、二氧化碳、干粉

续表

物质	危害、危险特性	处置方法		
		方法	防护	消防
氰化氢	剧毒气体。易燃，蒸汽与空气可形成爆炸性混合物。遇明火、高热能引起燃烧爆炸。长期放置因水分而聚合，聚合物本身有自催化作用，可引起爆炸。燃烧分解产物：氰化氢、氮氧化物	合理通风，不要直接接触泄漏物。喷雾状水，减少蒸发。将气体送至通风橱或将气体导入碳酸钠溶液中。加等量的NaClO，以6mol/L NaOH中和，污水放入废水系统统一处理。在水中处理方法见氰化钠	戴正压自给式呼吸器，穿全身防护服。佩戴化学安全防护眼镜，戴橡胶防护手套	切断气源。若不能立即切断气源，则不得熄灭正在燃烧的气体。消防员必须穿戴全身专用防护服，佩戴氧气呼吸器，在安全距离以外或有防护措施处操作。灭火剂：干粉、抗溶性泡沫、二氧化碳
硫酸	强腐蚀性有毒液体。遇水大量放热，可沸溅；遇易燃物（如苯）或可燃物接触发生剧烈反应，甚至燃烧。生成有毒烟雾。强酸加热时产生酸雾。遇活泼金属发生猛烈反应，放出氢气；稀酸能与许多金属反应放出氢气	切断泄漏源。防止流入下水道。可将泄漏收集在可密封的容器中或用砂土、干燥石灰混合后回收，大量泄漏可加入纯碱一消石灰溶液中和，回收或筑坑收容，用泵转移至槽车内，残余物可回收运至废物处理场所处置。污染地面洒上碳酸钠，用水冲洗，经稀释的污水放入废水系统	戴自给正压式呼吸器，穿橡胶耐酸碱工作服，戴化学安全防护眼镜，戴橡胶防护手套	用水、干粉或二氧化碳灭火。避免直接将水喷入硫酸，以免遇水会放出大量热，伤皮肤，伤衣物。消防员必须穿戴全身防护服及其用品，防止灼伤

续表

物质	危害、危险特性	处置方法		
		方法	防护	消防
苯	高毒液体。对水生生物有毒性。易与空气形成爆炸性混合物，遇明火、高热能发生燃烧爆炸危险。与氧化剂能发生强烈反应。其蒸汽比空气重，能在较低处扩散到相当远的地方，遇火源引着回燃。若遇高热，容器内压增大，有开裂和爆炸的危险。流速过快，容易产生和积聚静电	切断所有火源。尽快切断泄漏源，防止进入下水道、排洪沟等限制性空间。小量泄漏：尽可能将溢漏液收集在密闭容器内，然后用活性炭或其他惰性材料或砂土吸收残液，也可用无火花工具收集分散后的乳液状制洗。或在保证安全的情况下，就地焚烧。如大量泄漏，建围堤或挖坑收容。用泡沫覆盖以降低蒸发，喷雾状水冷却和稀释蒸汽，并用防爆型的通风系统将此移至专用处理场所处置或回收或运至废物处理场所处理。严禁吸烟。使用或远离近火种、热源。工作场所防止蒸汽泄漏到工作场所空气中。避免与氧化剂接触	佩戴自吸过滤式防毒面具（半面罩），戴化学安全防护眼镜，穿防毒物渗透工作服，戴橡胶耐油手套	可用泡沫、二氧化碳、干粉、砂土扑救。可用水灭火无效，可用雾状水扑灭火小面积火灾；保持火场容器的冷却，驱散蒸汽及溢出的液体
甲醛	高毒液体。具有致毒性。其蒸汽与空气可形成爆炸性混合物。遇明火、高热能发生燃烧爆炸。若遇高热，容器内压增大，有开裂和爆炸的危险。燃烧（分解）产物：一氧化碳、二氧化碳	切断火源。不要直接接触泄漏物。用砂土或其他不燃性材料吸附收（喷水雾能减少蒸发但不能降低泄漏物在受限制空间内的易燃性），不要使水进入储存容器内。然后用大量收集运至废物处理场所处理。也可用水系统。如大量水冲洗，经稀释的洗水放入废水系统。如大量泄漏，建围堤收容，然后收集、转移回收或无害处理	戴正压自给式呼吸器，戴化学安全防护眼镜，穿橡胶耐酸碱防护服，戴橡胶耐酸碱手套	灭火剂：雾状水、泡沫、二氧化碳、砂土

② 在消除污染的同时尽快抢修设备，控制污染源。抢修愈早受污染面积愈小。在抢修区域，直接对泄漏点或部位洗消，构成一定空间除污网，为抢修设备起到掩护作用。

③ 做好事故现场的侦检，查明泄漏源的种类、数量和扩散区域。以明确污染边界，确定洗消剂量。

④ 就地取材，因物施技，快速反应。对毒气事故的污染清除，使用机械设备、专业器材消除泄漏物，具有效率高、处理快的明显优势。通常采用的方法：一是堵，用针对性的材料封闭下水道，截断有毒物质外流造成污染；二是撒，可用具有中和作用的酸性和碱性粉末抛撒在泄漏地点的周围，使之发生中和反应，降低危害程度；三是喷，用酸碱中和原理，将稀碱（酸）喷洒在泄漏部位，形成隔离区域。

3. 典型污染物事故污染处置技术

为方便读者查阅，参考国家化学品登记中心化学事故应急救援知识讲座有关材料，将若干典型的或常见的、事故多发的污染物事故污染处置技术与防范要求归纳于表 4-11。

→ **思考与练习**

1. 什么是环境应急响应？ 简述企事业单位的应急响应主要内容。

2. 应急响应的一般程序有哪些？

3. 常见的环境应急监测类型与对象有哪些？ 如何选择合适的应急监测方法？

4. 简述常用的应急处置技术。 试举例进行分析。

第五章　应急教育、培训和演练

应急演练是各类事故及灾害应急准备过程中的一项重要工作，对于评估应急准备状态，检验应急人员的实际操作水平，发现并及时修改应急预案中的重点缺陷和不足等具有重要意义。

通过不同形式的应急演练，解决企业之间以及与有关部门的协同配合的等问题，增强预案的科学性、可行性和针对性，提高快速反应能力，以及救援能力和协同作战能力。

本章介绍了应急演练的一般要求，并按照应急演练的实际流程，对应急演练准备、实施以及评价、总结和追踪等内容进行了论述。

第一节
认识应急演练

应急演练是指来自多个机构、组织或群体的人员针对模拟的紧急情况，执行实际紧急事件发生时各自所承担任务的排练活动。

一、应急演练任务与目标

1. 应急演练任务

应急演练过程可划分为演练准备、演练实施和演练总结三个阶段。应急演练是由多个组织共同参与的一系列行为和活动，按照应急演练的三个阶段，可将演练前后应完成的内容和活动分解并整理成20项单独的基本任务，具体如下。

① 确定演练日期。

② 确定演练目标和演练范围。

③ 编写演练方案。

④ 确定演练现场规则。

⑤ 指定评价人员。

⑥ 安排后勤工作。

⑦ 准备和分发评价人员的工作文件。

⑧ 培训评价人员。

⑨ 讲解演练方案与演练活动。

⑩ 记录应急组织演练表现。

⑪ 评价人员访谈演练参与人员。

⑫ 汇报与协商。

⑬ 编写书面评价报告。

⑭ 演练人员自我评价。

⑮ 举行公开会议。

⑯ 通报不足项。

⑰ 编写演练总结报告。

⑱ 评价和报告不足项的补救措施。

⑲ 追踪整改项的纠正。

⑳ 追踪演练目标的演练情况。

2. 应急演练目标

应急演练目标是指检查演练效果，评价应急组织、人员应急准备状态和能力的指标。下述 18 项演练目标基本涵盖重大事故应急准备过程中，应急机构、组织和人员应展示出的各种能力。设计演练方案时应围绕这些演练目标开展。

（1）应急动员

应急动员主要展示通知应急组织、动员应急响应人员的能力。本目标要求组织方应具备各种情况下警告、通知和动员应急响应人员的能力，以及启动应急实施和为应急设施调配人员的能力。组织方不但要采取系列举措，向应急响应人员发出警报，通知或动员有关应急响应人员各就各位，还要及时启动应急指挥中心和其他应急支持设施，使相关应急设施从正常的运转状态进入紧急的运转状态。

（2）指挥和控制

指挥和控制主要展示指挥、协调和控制应急响应活动的能力。本目标要求组织方应具备应急过程中控制所有响应行动的能力。事故现场指挥人员、应急指挥中心指挥人员和应急组织、行动小组负责人员都应按应急预案要求，建立事故指挥系统，展示指挥和控制应急响应行动的能力。

（3）事态评估

事态评估主要展示获取事故信息、识别事故原因和致害物、判断事故影响范围及其潜在危险的能力。本目标要求应急组织具备主动评估事故危险性的能力。即应急组织应具备通过各种方式和渠道，积极收集、获取事故信息。评估、调查人员伤亡和财产损失、现场危险性以及危险品泄漏等有关情况的能力；具备确定进一步调查所需资源的能力；具备及时通知国家、省及其他应急组织的能力。

（4）资源管理

资源管理主要展示动员和管理应急响应行动所需资源的能力。本目标要求应急组织具备根据事态评估结果识别应急资源需求的能力，以及动员和整合内外部应急资源的能力。

（5）通信

通信主要展示与所有应急响应地点、应急组织和应急响应人员有效通信交流的能力。本目标要求应急组织建立可靠的主通信系统和备用通信系统，以便与有关岗位的关键人员保持联系。应急组织的通信能力应与应急预案中的要求一致。通信能力的展示主要体现在通信系统及其执行程序的有效性和可操作性方面。

（6）应急设施、装备和信息显示

应急设施、装备和信息显示主要展示应急设施、装备、地图、显示器材及其他应急支持资料的准备情况。本目标要求应急组织具备足够的应急设施，而且应急设施内装备、地图、显示器和应急支持资料的准备与管理状况能满足支持应急响应活动的需要。

（7）警报与紧急公告

警报与紧急公告主要展示向公众发出警报和宣传保护措施的能力。本目标要求应急组织具备按照应急预案中的规定，迅速完成向一定区域内公众发布应急防护措施命令和信息的能力。

（8）公共信息

公共信息主要展示及时向媒体和公众发布准确信息的能力。本目标要求应急组织具备向公众发布确切信息和行动命令的能力。即组织方应具备协调其他应急组织，确定信息发布内容的能力；具备及时通过媒体发布准确信息，确保公众能及时了解准确、完整和通俗易懂信息的能力；具备谣言控制，澄清不实传言的能力。

（9）公众保护措施

公众保护措施主要展示根据危险性质制订并采取公众保护措施的能力。本目标要求组织方具备根据事态发展和危险性质选择并实施恰当公众保护措施的能力，包括选择并实施学生、残障人员等特殊人群保护措施的能力。

（10）应急响应人员安全

应急响应人员安全主要展示监测、控制应急响应人员面临危险的能力。本目标要求应急组织具备保护应急响应人员安全和健康的能力，主要强调应急区域划分、个体保护装备配备、事态评估机制与通信活动对应的管理。

（11）交通管制

交通管制主要展示控制交通流量，控制疏散区和安置区交通出入口的组织能力和资源。本目标要求组织方具备管制疏散区域交通道口的能力，主要强调交通控制点设置、执法人员配备和路障清除等活动的管理。

（12）人员登记、隔离与去污

通过人员登记、隔离与消毒过程，展示监控与控制紧急情况的能力。本目标要求应急组织具备在适当地点（如接待中心）对疏散人员进行污染监测、去污和登记的能力，主要强调与污染监测、去污和登记活动相关的执行程序、设施、设备和人员情况。

（13）人员安置

人员安置主要展示收容被疏散人员的程序、安置设施和装备，以及服务人员的准备情况。本目标要求应急组织具备在适当地点建立人员安置中心的能力，人员安置中心一般设在学校、公园、体育场馆及其他建筑设施中，要求可提供生活必备条件，如避难所、食品、厕所、医疗与健康服务等。

（14）紧急医疗服务

紧急医疗服务主要展示有关转运伤员的工作程序、交通工具、设施和服务人员的准备情况，以及展示医护人员、医疗设施准备情况。本目标要求应急组织具备将伤病人员运往医疗机构的能力和为伤病人员提供医疗服务的能力。转运伤病人员既要求应急组织具备相应的交通运输能力，也要求具备确定伤病人员运往何处的决策能力。医疗服务主要是指医疗人员接收伤病人员的所有响应行动。

（15）24h 不间断应急

24h 不间断应急主要展示保持 24h 不间断的应急响应能力。本目标要求应急组织在应急过程中具备保持 24h 不间断运行的能力。重大事故应急过程可能需坚持 1d 以上的时间，一些关键应急职能需维持 24h 的不间断运行，因而组织方应能安排两班人员轮班工作，并周密安排接班过程，确保应急过程的持续性。

（16）增援国家、省及其他地区

增援国家、省及其他地区主要展示识别外部增援需求的能力和向国家、省及其他地区的应急组织提出外部增援要求的能力。本目标要求应急组织具备向国家、省级其他地区请求救援，并向外部增援机构提供资源支持的能力。主要强调组织方应及时识别增援需求、提出增援请求和向增援机构提供支持等活动。

（17）事故控制与现场恢复

事故控制与现场恢复主要展示采取有效措施控制事故发展和恢复现场的能力。本目标要求应急组织具备采取针对性措施，有效控制事故发展和清理、恢复现场的能力。

（18）文件化与调查

文件化与调查主要展示为事故及其应急响应过程提供文件资料的能力。本目标要求应急组织具备根据事故及应急响应过程中的记录、日志等文件资料调查分析事故原因并提出应急存在的不足和改进建议等能力。

二、应急演练类型

应急演练可采用多种演练方法，如美国联邦应急管理局采用的演练方法可分为桌面演练、功能演练和全面演练三大类；美国环保署主要采用两类演练方法，即桌面演练和现场全面演练；海岸警卫队则主要采用类似于功能性演练和现场全面演练的应急演练。

根据我国重大事故应急管理体制与应急准备工作的具体要求，下面分别介绍桌面演练、功能演练和全面演练三种类型。

1. 桌面演练

桌面演练是指由应急组织的代表或关键岗位的人员参加，按照应急预案及其标准运作程序讨论紧急情况时应采取行动的演练活动。桌面演练的主要特点是对演练情景进行口头演练，一般是在会议室内举行的非正式活动，主要作用是在没有时间压力的情况下，演练人员检查和解决应急预案中的问题，获得一些建设性的讨论结果。主要目的是在友好、较小压力情况下的，锻炼演练人员解决问题的能力，以及解决应急组织相互协作和职责划分的问题。

桌面演练只需展示有限的应急响应和内部协调活动，应急响应人员主要来自本地应急组织，事后一般采取口头评论形式收集演练人员的建议，并提交一份简短的书面报告，总结演练活动和提出有关改进应急响应工作的建议。桌面演练方法成本较低，主要用于为功能演练和全面演练做准备。

2. 功能演练

功能演练是指针对某项应急响应功能或其中某些应急响应活动而举行的演练活动。功能演练一般在应急指挥中心举行，并可同时开展现场演练，调用有限的应急设备，主要目的是针对应急响应功能，检验应急响应人员以及应急管理体系的策划能力和响应能力。例如，指挥和控制功能的演练，其目的是检测、评价多个政府部门在一定压力情况下集权式的应急运行和及时响应能力，演练地点主要集中在若干个应急指挥中心或现场指挥所举行，并开展有限的现场活动，调用有限的外部资源，外部资源的调用范围和规模应能满足响应模拟紧急情况时的指挥和控制要求。又如针对交通运输活动的演练，目的是检验地方应急响应官员建立现场指挥所，协调现场应急响应人员、交通运载工具的能力。

功能演练比桌面演练规模要大，需动员更多的应急响应人员和机构，必要时，还可要求国家级应急响应机构的参与演练过程，为演练方案设计、协调和评估工作提供技术支持，因而协调工作的难度也随着更多应急响应组织的参与而增大。功能演练所需的评估人员一般为 4～12 人，具体数量依据演练地点、社区规模、现有资源和被演练功能的数量而定。演练完成后，除采取口头评论形式外，还应向地方提交有关演练活动书面汇报，提出改进意见。

3. 全面演练

全面演练指针对应急预案中全部或大部分应急响应功能，检验、评价应急组织应急运行能力的演练活动。全面演练一般要求持续几个小时，采取交互式方式进行，演练过程要求尽量真实，调用更多的应急响应人员和资源，并开展人员、设备及其他资源的实战型演练，以展示相互协调的应急响应能力。

全面演练一般需要 10～50 名评价人员。演练完成后，除采取口头评论和书面汇报外，还应提交正式的书面报告。在三种演练中，全面演练能够比较全面、真实地展示应急预案的优缺点，参与人员能够得到比较好的实战训练，因此，在条件和时机成熟时，政府和生产单位应尽可能进行全面演练。桌面演练、功能演练和全面演练的比较见表 5-1。

表 5-1　桌面演练、功能演练和全面演练比较表

项目	桌面演练	功能演练	全面演练
演练人员	负责应急管理工作的有关官员 从事应急管理工作的关键人员 当地政府机构、省和国家有关政府部门的有关工作人员	负责应急管理工作的有关官员，以及负责相应功能的政策拟定、协调工作人员 当地政府机构、省和国家有关政府部门的有关工作人员	所有与应急工作相关的政府机构及尽可能多的演练人员
演练内容	模拟紧急情景中应采取的响应行动 应急响应过程中的内部协调活动	相应的应急响应功能，如指挥与控制 应急响应过程中的内部、外部协调活动	应急预案中载明的大部分要素
演练地点	会议室 应急指挥中心	应急指挥中心 实施应急响应功能的地点 工厂或交通事故现场	省、地方应急指挥中心 现场指挥所 人员收容所，道路及路口交通控制点，医疗处置区
演练目的	锻炼解决问题的能力 解决应急组织相互协作和职责划分的问题	检验应急响应人员以及应急管理体系的策划和响应能力	尽可能在真实，并吸引众多人员、应急组织参与的条件下，检验应急预案中的重要内容
所需评价人员数量	一般需 1～2 人	一般需 4～12 人	一般需 10～50 人
总结方式	口头评论 参与人员汇报 演练报告	口头评论 参与人员汇报 演练报告	口头评论 参与人员汇报 书面正式报告

　　注：三种类型的最大区别在于演练的复杂程度和规模，所需评价人员的数量与实际演练、演练规模、地方资源等状况有关。

应急演练的组织者或策划者在确定应急演练方法时,应考虑如下因素:

① 应急预案和应急响应程序制订工作的进展情况。

② 本辖区面临风险的性质和大小。

③ 本辖区现有应急响应能力。

④ 应急演练成本及资金筹措状况。

⑤ 相关政府部门对应急演练工作的态度。

⑥ 应急组织投入的资源状况。

⑦ 国家及地方政府部门颁布的有关应急演练的规定。

无论选择何种应急演练方法,应急演练方案必须适应演练单位重大事故应急管理的需求和资源条件。同时,无论是生产经营单位还是政府,在进行桌面演练和功能演练后,应加强开展实战性的全面演练,注重演练的真实性,提高相应人员应急状态下的自救互救能力和第一时间进行应急处置的能力。

第二节
应急演练准备

开展重大事故应急演练前应建立演练领导机构,即成立应急演练策划小组,或应急演练领导小组。策划小组在应急演练准备阶段应完成确定演练目标和范围,编写演练方案,制订演练现场规则,并进行人员培训工作等。

一、演练目标与演练范围选择

根据应急演练基本任务要求,策划小组应事先确定本次应急演练的一组目标,并确定相应的演练范围。此项基本任务可按以下步骤完成:

1. 演练目标选择

策划小组应在演练需求分析的基础上选择演练目标。演练需求分析是指在评价以往重大事故和演练案例的基础上，分析本次演练需重点解决的问题、需检验的应急响应功能和演练的地理范围。

为满足持续改进重大事故应急能力的要求，策划小组可以适当增添新演练目标和调整演练范围。但新增演练目标应符合下述要求：

① 增添新演练目标应在演练情景确定之前完成，以便演练事件符合演练范围的要求。

② 新演练目标应具体、现实并注重演练结果。

③ 新演练目标应叙述准确，避免语义含糊不清。

④ 新演练目标应可以通过评价准则予以检验和测量。

2. 确定演练目标组织方案

策划小组应依据重大突发事故应急预案和应急响应程序，确定对负责各项演练目标的应急组织，即组织方。由于应急预案或其执行程序中可能将多项应急响应功能分配给多个应急组织负责，因此，策划小组确认各演练目标的组织方案时，不仅分析演练目标，同时还应分析应急响应功能。

二、演练方案编写

演练方案是指根据演练目的和应达到的演练目标，对演练性质、规模、参演单位和人员、假想事故、情景事件及其顺序、气象条件、响应行动、评价标准与方法、时间尺度等制订的总体设计。编写演练方案应以演练情景设计为基础。

1. 演练情景设计

策划小组确定完成演练目标后，应着手设计演练情景，演练情景是指对假想事故按其发生过程进行叙述性的说明，情景设计就是针对假想事故的发展过程，设计出一系列的情景事件，目的是用引入这些需要应急组织作出相应响应行动的事件，刺激演练不断进行，从而全面检验演练目标。

演练情景中必须说明何时、何地、发生何种事故、被影响区域和气象条件等事项，即必须说明事故情景。演练人员在演练中的一切策划活动及应急行动，主要针对假想事故及其变化而产生的，事故情景的作用是为演练人员的演练活动提供初始条件并说明初始事件的有关情况。事故情景可通过情景说明书加以描述。

2. 演练方案

演练方案主要包括下述演练文件：情景说明书、演练计划、评价计划、情景事件总清单、演练控制指南、演练人员手册、通信录等。

（1）情景说明书

情景说明书主要作用是描述事故情景，为演练人员的演练活动提供初始条件和初始事件。情景说明书主要以口头、书面、广播、视频或其他音频方式向演练人员说明，并包括如下内容。

① 发生何种事故或紧急事件。

② 事故或紧急事件的发展速度、强度与危险性。

③ 信息的传递方式。

④ 采取了哪些应急响应行动。

⑤ 已造成的人员伤亡和财产损失情况。

⑥ 事故或紧急事件的发展过程。

⑦ 事故或紧急事件发生时间。

⑧ 是否预先发出警报。

⑨ 事故或紧急事件发生地点。

⑩ 事故或紧急事件发生时的气象条件等与演练相关的影响因素。

（2）演练计划

演练的目的在于检验和提高应急组织的总体应急响应能力，是应急响应人员将已经获得的知识和技能与应急实际相结合。为确保演练成功，策划小组应事先制订演练计划。演练计划的主要内容包括：

① 演练适用范围、总体思想和原则。

② 演练假设条件、人为事项和模拟行动。

③ 演练情景，含事故说明书、气象及其他背景信息。

④ 演练目标、评价准则及评价方法。

⑤ 演练程序。

⑥ 控制人员、评价人员的任务及职责。

⑦ 演练所需的必要支撑条件和工作步骤。

（3）评价计划

评价计划是对演练计划中演练目标、评价准则及评价方法的扩展。内容主要是对演练目标、评价准则、评价工具及资料、评价程序、评价策略、评价组组成，以及评价人员在演练准备、实施和总结阶段的职责和任务的详细说明。

（4）情景事件总清单

情景事件总清单是指演练过程中按时间顺序列表引入情景事件（包括重大事件或次级事件），其内容主要包括情景事件及其控制消息和期望行动，以及传递控制消息时间或时机。情景事件总清单主要供控制人员管理演练过程使用，其目的是确保控制人员了解情景事件应何时发生、应何时输入控制消息等信息。

（5）演练控制指南

演练控制指南是指有关演练控制、模拟和保障等活动的工作程序和职责的说明。该指南主要供控制人员和模拟人员使用，其用途是向控制人员和模拟人员解释与他们相关的演练事项，制订演练控制和模拟活动的基本原则，建立或说明支持演练控制和模拟活动顺利进行的通信联系、后勤保障和行政管理机构等事项。

（6）演练人员手册

演练人员手册是指向演练人员提供的有关演练具体信息、程序的说明文件。演练人员手册中所包含的信息均是演练人员应当了解的信息，但不包括应对其保密的信息，如情景事件等。

（7）通信录

通信录是指记录关键演练人员通信联络方式及其所在位置等信

息的文件。

第三节
应急演练实施

应急演练实施阶段是指从宣布初始事件起到演练结束的整个过程。虽然应急演练类型、规模、持续时间、演练情景和演练目标等有所不同，但演练过程中均应包括演练控制和演练实施要点。

一、演练控制

应急演练活动一般始于报警消息，在此过程中，参演应急组织和人员应尽可能按实际紧急事件发生时的响应要求进行演练，即"自由演练"，由参演应急组织和人员根据自己关于最佳解决办法的理解，对情景事件作出响应行动。

演练过程中，策划小组或导演分队负责人的作用主要是宣布演练开始和结束，以及解决演练过程中的矛盾。控制人员的作用主要是向演练人员传递控制消息，提醒演练人员终止对情景演练具有负面影响或超出演练范围的行动，提醒演练人员采取必要行动以正确展示所有演练目标，终止演练人员不安全的行为，延迟或终止情景事件的演练。

演练过程中参演应急组织和人员应遵守当地的法律法规和演练现场规则，确保演练安全进行，如果演练偏离正确方向，控制人员可以采取"刺激行动"以纠正错误。"刺激行动"包括终止演练过程，使用"刺激行动"时应尽可能平缓，以诱导方法纠偏，只有对背离演练目标的"自由演练"才使用刺激行为的方法使其中断反应。

二、演练实施要点

由于演练在检验和评价应急能力方面的重要作用，国内外各灾种应急管理过程中非常重视应急演练工作。通过分析国内外演练实例，应急功能的演练实施要点如下：

1. 初次通报

演练过程中，对于初次通报功能的演练应注意如下问题：

① 检验有关方面发现重大事故发生并宣布紧急状态的能力。

② 联系国家相关应急救援指挥机构与当地应急组织。

③ 通知所有应急响应单位和个人。

2. 指挥与控制

演练过程中，对于指挥与控制功能的演练应注意如下问题：

① 明确事发单位与场外政府官员在早期应急响应过程中的职责。

② 实施事故指挥系统。事故指挥系统主要由人员、相关政策、工作程序和应急设备设施构成，具有相同的组织结构，负责管理所分配的应急资源，以有效完成与控制事发现场相关的规定目标。

③ 确保相关官员承担应急演练过程的指挥任务。

④ 力争所有部门、组织参与应急演练。

⑤ 24 小时不间断演练与关键岗位人员轮班。

⑥ 启动现场指挥所与应急运行中心。

3. 通信

演练过程中，对于通信功能的演练应注意如下问题：

① 启用通信系统及备用通信系统。

② 保存所有通信信息。

4. 警报与紧急公告

演练过程中，对于警报与紧急公告功能的演练应注意如下问题：

① 确定演练日期。

② 起草紧急广播消息。

③ 选择警报发布系统。

④ 沿路发布警报。

⑤ 发布公告。

5. 公共信息与社区关系

演练过程中，对于公共信息与社区关系功能的演练应注意如下问题：

① 处理与媒体的关系。

② 协调公共信息发布活动。

③ 正确使用"市民热线"。

④ 任命负责公共信息与社区关系的专职官员。

⑤ 公共信息与新闻发布会。

6. 资源管理

演练过程中，对于资源管理功能的演练应注意如下问题：

① 确认应急所需资源。

② 保存所有资源请求的记录。

7. 卫生与医疗服务

演练过程中，对于卫生与医疗服务功能的演练应注意如下问题。

① 防止污染救护设施和救护人员。

② 如实拨打卫生与医疗服务机构求助电话。

③ 判断医疗机构是否了解诊断与治疗方法。

④ 提供医疗救护信息。

⑤ 伤员分级。

⑥ 保护医护人员。

8. 应急响应人员安全

演练过程中，应急响应人员安全功能的演练应注意如下问题。

① 遵守相关的法律法规。

② 检验应急响应人员是否了解所面临的危险。

③ 分发保护装备。

④ 个体剂量监测与净化。

⑤ 建立应急响应人员紧急疏散警报系统。

⑥ 检验应急响应行动的进展情况。

⑦ 监督应急响应过程中现场设备和材料的使用。

9. 公众保护措施

演练过程中，对于公众保护措施功能的演练应注意如下问题。

① 检验地方应急响应人员解决问题的能力。

② 公众保护措施。

10. 火灾与搜救

演练过程中，对于火灾搜救功能的演练应注意如下问题。

① 制订救援程序。

② 救援。

11. 执法

演练过程中，对于执法功能的演练应注意如下问题。

① 保障执法人员的安全。

② 通知执法人员有关信息。

12. 事态评估

演练过程中，对于事态评估功能的演练应注意如下问题。

① 保障事态评估工作所需物资。

② 分配事态评估任务。

③ 确认事态评估人员。

④ 事态评估。

13. 人道主义服务

演练过程中，对于人道主义服务功能的演练应注意如下问题。

① 吸引志愿人员参与演练。

② 检验人道主义服务机构的工作能力。

14. 市政工程

演练过程中，对于市政工程功能的演练应注意吸引市政人员参与演练。一般来说，市政人员主要承担市政施工、设备安装和物资供应等日常工作。

第四节
应急培训与教育

应急培训与教育工作是增强企业危机意识和责任意识，提高事故防范能力的重要途径，是提高应急救援人员和企业职工应急能力的重要措施，是保证安全生产事故应急预案贯彻实施的重要手段。因此，生产经营单位应采取不同方式开展安全生产应急管理知识和应急预案的宣传教育和培训工作，确保所有从业人员具备基本的应急技能，熟悉企业应急预案，掌握本岗位事故防范措施和应急处置程序；使应急预案相关职能部门及人员提高危机意识和责任意识，明确应急工作程序，提高应急处置协调能力。

一、应急培训与教育指导思想、工作原则和基本任务

应急培训与教育坚持"安全发展"的指导原则和"安全第一、预防为主、综合治理"的方针，以减少和控制事故的发生，保障劳动者安全与健康为根本，以落实和完善安全生产应急预案为基础，以提高应急管理和应急处置能力为重点，全面加强安全生产管理培训与教育工作，为安全生产应急管理和应急救援工作提供人才保障和智力支持。

应急培训与教育工作原则：安全生产应急培训与教育工作，纳入安全监督总局培训工作总体规划部署，有计划、分步骤实施，并遵循以下工作原则。

（1）统一规划、合理安排

按照安全监督培训工作总体规划，结合安全生产应急管理和应急救援工作实际，合理安排培训与教育工作计划，突出工作重点，明确工作目标。

（2）分级实施、分类指导

按照"分级负责、分级管理"的原则，分层次、分类别制订培训与教育大纲，编写培训与教育教材，培养专业教师队伍，开展培训工作。

（3）联系实际，学以致用

紧密结合安全生产应急管理与应急救援工作实际，围绕"一案三制"建设，针对受训对象的特点和工作需要开展培训工作，着眼于增强危机意识，着眼于提高事故的预防技术水平，着眼于提高科学决策和事故处置的能力。

（4）整合资源，创新方式

充分利用现有培训资源，增强现有基地应急培训功能，创新培训方式，理论与实际相结合，增加培训效果。

（5）规范管理，提高质量

发挥各级安全生产应急管理机构的综合协调作用，调动各地区、各部门、各企业的积极性，规范培训考评制度，提高教学质量，形成良好的培训工作秩序。

应急培训与教育基本任务是锻炼和提高队伍在突发事故情况下的快速抢险、及时营救伤员、正确指导和帮助群众防护或撤离、有效消除危害后果、开展现场急救和伤员转送等应急救援技能和应急反应的综合素质，有效降低事故的危害，减少事故的损失。

应急培训与教育的范围应包括政府主管部门的培训与教育、社区居民培训与教育、专业应急救援队伍培训与教育、企业全员培训与教育。

政府应急主管部门培训与教育的重点，应放在事故应急工作的指导思想和政府部门有关的事故应急行动计划的关键部分。政府主管部门培训与教育可在地方消防队或医院现场等场所进行。所有负有应急管理职责的地方政府部门、志愿者等，都应参加应急培训与教育。

专业应急救援队伍的培训与教育重点是熟悉相关应急预案和事故发生的特点，熟练掌握事故隐患辨识和安全生产事故救援的技能，提高在不同情况下实施救援和协同处置的能力。专业应急救援队伍，如中国公安部消防局部门通常参加他们自己的专业课程培训与教育。应急管理人员可以参加消防部门进行的应急管理培训与教育。它将帮助消防队员了解他们在协调响应工作中的作用，也提高紧急事务管理人员同消防队员、培训和教育主管人员接触的机会。

企业全员培训与教育应有生产经营单位的危险分析结果和应急需求，对企业内部员工进行有针对性、分层次的应急培训与教育，确保企业员工能够明确自己的应急职责，并掌握必要的应急技能。

社区居民培训与教育重点是对可能发生的事故采取的响应行动和遵守应急指挥人员的命令。对社区居民进行应急教育宣传的方式可以是书面材料（张贴画、报纸和传单）、电视（宣讲、插播广告、座谈和专访）、广播（宣讲、座谈）、有线电视（政府官员出面、宣讲、播放培训录像等）以及报告会（学校、社区组织）等。

二、应急培训与教育的基本内容

应急培训与教育包括对参与应急行动所有相关人员进行的最低程度的培训与教育，要求应急人员了解和掌握如何识别危险、如何采取必要的应急措施、如何启动紧急情况警报系统、如何安全疏散人群等基本操作。

1. 警报

① 使应急人员了解并掌握如何利用身边的工具最快最有效地报警，比如用手机电话、寻呼、无线电、网络，或其他方式报警。

② 使应急人员熟悉发布紧急情况通告的方法，如使用警笛、警钟、电话或广播等。

③ 事故发生后，为及时疏散事故现场的所有人员，应急队员应掌握如何在现场贴发警报标志。

2. 疏散

为避免事故中不必要的人员伤亡，应培训与教育足够的应急队员在紧急情况下，保障现场安全、有序地疏散被困人员或周围人员。对人员疏散的培训可在应急演练中进行，通过演练还可以测试应急人员的疏散能力。

3. 火灾应急培训与教育

由于火灾的易发性和突发性，对火灾应急的培训和教育显得尤为重要，要求应急队员必须掌握必要的灭火技术以在着火初期迅速灭火，降低或减小导致灾难性事故的危险，掌握灭火器的识别、使用、保养、维修等基本技术。火灾应急培训与教育应当分层次、分对象且有针对性地开展。

4. 不同水平的应急者培训与教育

针对不同水平的应急人员，其培训与教育的基本内容也不同。比如针对危险品事故应急，通常将应急者分为五种水平，每一种水平都有相应的培训与教育内容和要求。

（1）初级认识水平应急者

初级认识水平应急者通常是处于能首先发现事故险情并及时报警的人员，例如保安、门卫、巡查人员等。对他们的要求如下。

① 确认危险物资并能识别危险物质的泄漏迹象。

② 了解所涉及的危险物质泄漏的潜在后果。

③ 了解应急者自身的作用和责任。

④ 能确认必需的应急资源。

⑤ 如果需要疏散，限制未经授权人员进入事故现场。

⑥ 熟悉事故现场安全区域的划分。

⑦ 了解基本的事故控制技术等。

（2）初级操作水平应急者

初级操作水平应急者主要参与的是预防危险物质泄漏的操作以及发生泄漏后的事故应急，其作用是有效地阻止物质的泄漏，降低泄漏事故可能造成的影响。对他们的培训与教育要求如下。

① 掌握危险物质的辨识、确认、危险程度分级方法。

② 掌握基本的危险和风险评价技术。

③ 学会正确选择和使用个人防护用品。

④ 了解危险物质的基本术语及特性。

⑤ 掌握危险物质泄漏的基本控制操作。

⑥ 掌握基本的危险物质清除程序。

⑦ 熟悉应急计划的内容等。

（3）危险物质专业水平应急者

危险物质专业水平应急者的培训与教育应根据有关指南要求来执行，达到或符合指南要求以后才能参与危险物质的事故应急。对其培训要求除了掌握上述应急者的知识和技能外还包括：

① 保证事故现场的人员安全，防止不必要伤亡的出现。

② 实行应急行动计划。

③ 识别、确认、证实危险物质。

④ 了解应急救援系统各角色的功能和作用。

⑤ 了解特殊化学品个人防护设备的选择和使用。

⑥ 掌握危险和风险的评价技术。

⑦ 了解先进的危险物质控制技术。

⑧ 执行事故现场清除程序。

⑨ 了解基本的化学、生物、放射学的术语和其表现形式等。

（4）危险物质专家水平应急者

具有危险物质专家水平的应急者通常与危险物质专家人员一起对紧急情况作出应急处置，并向危险物质专业人员提供技术支持。因此要求该类专家水平应急者所具有的关于危险物质的知识和信息必须比危险物质专业人员更广博、更精深。所以，危险物质专家水平应急者必须接受足够的培训与教育，以使其具有相当高的应急水平和能力。

① 接受危险物质专业水平应急者的所有培训与教育要求。

② 理解并参与应急救援系统的角色作用和分配。

③ 掌握完善的风险和危险评价技术。

④ 掌握危险物质的有效控制操作。

⑤ 参加一般清除程序的制订和执行。

⑥ 参加特别清除程序的制订与执行。

⑦ 参加应急行动结束程序的执行。

⑧ 掌握化学、生物、毒理学的术语与表示形式等。

（5）事故指挥者水平应急者

事故指挥者水平应急者主要负责对事故现场的控制并执行现场应急行动，协调应急队员之间的活动和通信联系。一般该水平的应急者都具有相当丰富的事故应急和现场管理的经验，由于他们责任重大，要求他们参加的培训与教育应更为全面和严格，以提高应急者的素质，保证事故应急的顺利完成。通常，该类应急者应该具备下列能力。

① 协调与指导所有的应急活动。

② 负责执行一个综合的应急计划。

③ 对现场内外应急资源的合理调用。

④ 提供管理和技术监督，协调后勤支持。

⑤ 协调信息传媒和政府官员参与的应急工作。

⑥ 提供事故后果的文本。

⑦ 负责为向国家、省市、当地政府递交的事故报告的撰写提供指南。

⑧ 负责提供事故总结等。

不同水平应急者的培训与教育与危险品公路运输应急救援系统相结合，能使应急队员接受充分的培训与教育，从而保证队员的素质。

三、应急培训与教育实施

应急预案编制完成后，要使其在应急行动中得到有效应用，充分发挥它的指导作用，还必须对应急人员进行一定的应急培训、宣传和教育。通过培训、宣传与教育，可以发现应急预案不足和缺陷，并在实践中加以补充和改进；可以使假设事故涉及的人员包括应急队员、事故当事人等都能了解一旦发生事故，他们应该做什么，能够做什么，如何去做以及如何协调各应急部门人员的工作等。

1. 制订应急培训与教育计划

（1）需求分析

制订培训与教育计划之前，首先要对应急救援系统各层次和岗位人员进行工作和任务分析，确定应急工作效果、培训与教育的必要性和应急工作的必要条件。培训与教育者应该系统辨识和分析实现高效应急响应的所有重要的工作岗位及其职能，明确培训目标和培训后受训人员的培训效果。

（2）课程设计

针对不同的培训与教育对象，应急培训与教育课程根据目标而制订。所有授课内容应以培训与教育目标作为主要决策基础。

（3）培训与教育方式

应急培训与教育的方式很多，如培训班、讲座、模拟、自学、小组受训和考试等，但以培训与教育授课的方式居多。

（4）培训与教育计划

根据培训与教育需求分析和确定的培训与教育课程等，应制订培训与教育计划。培训与教育计划应该详细说明培训与教育目的、培训与教育对象、培训与教育课程/内容、培训与教育师资、教学设施（例如，大楼、实验室、设备）和教学媒介、培训与教育时间等。

2. 应急培训与教育实施

培训与教育应按照制订的培训与教育计划，认真组织、精心安排、合理安排时间，充分利用不同方式开展安全生产应急培训与教育工作，使参与培训与教育的人员能够在良好的培训氛围中学习、掌握有关应急知识。

3. 应急培训与教育效果评价和改进

应急培训与教育完成后，应尽可能进行考核。考核方式可以是考试、口头提问、实际操作等，以便对培训与教育效果进行评价、确保达到预期的培训和教育目的。通过与培训与教育人员交流、考核情况等，可以发现培训与教育中存在一些问题，如培训与教育内容不合适、课时安排不恰当、培训与教育方式需改进等，培训者要认真进行总结，采取措施避免这些问题在以后的培训与教育工作中再次发生，以提高培训与教育工作质量，真正达到应急培训与教育的目的。

→ **思考与练习**

1. 试分析桌面演练、功能演练和全面演练的异同点。

2. 如何编制应急演练方案？ 参加演练一般有几种人员？ 各种人员的主要职责是什么？

3. 演练的准备包括哪些工作？ 演练方案制订时主要应考虑哪些方面的问题？

4. 生产经营单位如何开展应急培训和教育工作？

第六章　应急预案编制

一、应急预案的识别

应急预案，是指为控制、减轻和消除突发事件引起的严重社会危害，规范各类紧急应对活动预先制订的方案。它是在辨识和评估潜在的重大危险、事件类型、发生的可能性及发生过程、事件后果及影响严重程度的基础上，针对具体设施、场所和环境，对应急机构与其职责、人员、技术、装备、设施（备）、物质、救援行动及其指挥与协调等方面预先做出的科学有效的计划和具体安排，它明确了在突发事件发生之前，过程中及刚刚结束，谁负责什么，何时做，以及相应的策略和资源准备等。

环境应急预案，是指企业为了在应对各类事故、自然灾害时，采取紧急措施，避免或最大程度减少污染物或其他有毒有害物质进入厂界外大气、水体、土壤等环境介质，而预先制订的工作方案。

二、应急预案的分类

目前，应急预案的分类并无固定标准。根据不同划分标准，或者应急预案管理对象的不同，可以分为不同种类。

1. 按照制订主体分类

依据《突发事件应急预案管理办法》，应急预案按照制订主体划分，分为政府及其部门应急预案、单位和基层组织应急预案两大类。

政府及其部门应急预案由各级人民政府及其部门制订，包括总体应急预案、专项应急预案、部门应急预案等。

总体应急预案是应急预案体系的总纲，是政府组织应对突发事件的总体制度安排，由县级以上各级人民政府制定。

专项应急预案是政府为应对某一类型或某几种类型突发事件，或者针对重要目标物保护、重大活动保障、应急资源保障等重要专项工作而预先制订的涉及多个部门职责的工作方案，由有关部门牵头制订，报本级人民政府批准后印发实施。

部门应急预案是政府有关部门根据总体应急预案、专项应急预案和部门职责，为应对本部门（行业、领域）突发事件，或者针对重要目标物保护、重大活动保障、应急资源保障等涉及部门工作而预先制订的工作方案，由各级政府有关部门制订。

总体应急预案主要规定突发事件应对的基本原则、组织体系、运行机制，以及应急保障的总体安排等，明确相关各方的职责和任务。

针对突发事件应对的专项和部门应急预案，不同层级的预案内容各有所侧重。国家层面专项和部门应急预案侧重明确突发事件的应对原则、组织指挥机制、预警分级和事件分级标准、信息报告要求、分级响应及响应行动、应急保障措施等，重点规范国家层面应对行动，同时体现政策性和指导性。省级专项和部门应急预案侧重明确突发事件的组织指挥机制、信息报告要求、分级响应及响应行动、队伍物资保障及调动程序、市县级政府职责等，重点规范省级层面应对行动，同时体现指导性。市县级专项和部门应急预案侧重明确突发事件的组织指挥机制、风险评估、监测预警、信息报告、应急处置措施、队伍物资保障及调动程序等内容，重点规范市

（地）级和县级层面应对行动，体现应急处置的主体职能。乡镇街道专项和部门应急预案侧重明确突发事件的预警信息传播、组织先期处置和自救互救、信息收集报告、人员临时安置等内容，重点规范乡镇层面应对行动，体现先期处置特点。

针对重要基础设施、生命线工程等重要目标物保护的专项和部门应急预案，侧重明确风险隐患及防范措施、监测预警、信息报告、应急处置和紧急恢复等内容。

针对重大活动保障制订的专项和部门应急预案，侧重明确活动安全风险隐患及防范措施、监测预警、信息报告、应急处置、人员疏散撤离组织和路线等内容。

针对为突发事件应对工作提供队伍、物资、装备、资金等资源保障的专项和部门应急预案，侧重明确组织指挥机制、资源布局、不同种类和级别突发事件发生后的资源调用程序等内容。

单位和基层组织应急预案由机关、企业、事业单位、社会团体和居委会、村委会等法人和基层组织制订，侧重明确应急响应责任人、风险隐患监测、信息报告、预警响应、应急处置、人员疏散撤离组织和路线、可调用或可请求援助的应急资源情况及如何实施等，体现自救互救、信息报告和先期处置特点。

大型企业集团可根据相关标准规范和实际工作需要，参照国际惯例，建立本集团应急预案体系。

2. 按照事件发生类型分类

按照事件发生类型，应急预案可分为自然灾害、事故灾难、公共卫生事件和社会安全事件四类预案。其中，自然灾害主要包括水旱灾害、气象灾害、地震灾害等；事故灾难主要包括工矿商贸企业的各类安全事故、交通运输事故、火灾事故、危险化学品泄漏、公共设施和设备事故、核与辐射事故、环境污染与破坏事件等；公共卫生事件主要包括发生传染病疫情、群体性不明原因疾病、食品安全和职业危害以及其他严重影响公共健康和生命安全的事件；社会安全事件主要包括各类恐怖袭击事件。以某直辖市为例，突发公共事件总体应急预案体系见表6-1。

表6-1 某市突发公共事件总体应急预案体系

四大类	分类	种类	预案
自然灾害	水旱灾害	洪涝、干旱	某市防汛应急预案 某市抗旱应急预案
	地震灾害	地震	某市破坏性地震应急预案
	地质灾害	泥石流、滑坡、采矿塌陷	某市突发性地质灾害应急预案
	气象灾害	大风及沙尘暴	某市突发气象事件应急预案
		浓雾天气	
		冰雪天气	
		暴雨、雷电天气	
	森林火灾	森林火灾	某市森林火灾扑救应急预案
事故灾难	安全事故	危险化学品	某市危险化学品事故应急救援预案
		核事件、放射性污染	
		矿山事故	某市矿山事故应急救援预案
		建筑工程事故	某市建筑施工突发事故应急预案
		特种设备事故	某市特种设备事故应急预案
		道路交通事故	某市道路交通事故处置救援应急预案 某市道路抢修应急预案 某市雪天道路交通保障应急预案 某市应急交通运输保障预案
		城市轨道交通事故	某市轨道交通运营突发事件应急预案
		道路桥梁	某市桥梁突发事故应急预案
		火灾	某市火灾事故灭火救援预案
		燃气事故	某市燃气事故应急预案
		供水、排水事故	某市城市公共供水突发事件应急预案 某市城市排水突发事件应急预案
		供热事故	某市供热事故应急预案

四大类	分类	种类	预案
事故灾难	安全事故	供电事故	某地区重、特大电力突发事件应急处置预案
		通信线路和通信设施事故	某市应急通信保障预案
		地下管线事故	某市地下管线抢修预案
		人防工程事故	某市人防工程事故灾难处置预案
	环境污染和生态破坏事故	突发环境事件和生态破坏事故	某市环境污染和生态破坏突发事件应急预案
公共卫生事件	重大传染病疫情	鼠疫、炭疽、霍乱、SARS、流感等	某市重特大传染病疫情应急预案
	重大动植物疫情	口蹄疫、高致病性禽流感等	某市防治重大动物疫情应急预案
	食品安全与职业危害	群体食物中毒	某市食物中毒事件应急预案 某市突发急性职业中毒事件应急预案
社会安全事件	重大群体性事件	高校群体性事件	某市影响校园安全稳定事件应急预案
		重大群体性上访事件	某市处置重大群体性上访事件应急预案
		公共场所滋事事件	某市处置公共场所滋事事件应急预案
		民族宗教问题引发的群体性事件	某市民族宗教群体性突发事件应急预案
	重特大刑事案件	重大恐怖事件和刑事案件	某市处置突发恐怖袭击事件和重大刑事案件工作预案
	涉外突发事件	涉外公共突发事件	某市涉外突发事件应急预案

3. 按照预案对象和级别分类

根据事故应急预案的对象和级别，应急预案可分为下列四种类型：应急行动指南或检查表，应急响应预案，互助应急预案，应急管理预案。

（1）应急行动指南或检查表

针对已辨识的危险采取特定的应急行动。简要描述应急行动必须遵从的基本程序，如发生情况向谁报告，报告什么信息，采取哪些应急措施。这种应急预案主要起提示作用，对相关人员要进行培训，有时将这种预案作为其他类型应急预案的补充。

（2）应急响应预案

针对现场每项措施和场所可能发生的事故情况编制的应急响应预案，如化学品泄漏事故的应急响应预案、台风应急响应预案等。应急响应预案要包括所有可能的危险状况，明确有关人员在紧急状况下的职责。这类预案仅说明处理紧急事务所必需的行动，不包括事前要求（如培训、演习等）和事后措施。

（3）互助应急预案

为相邻企业在事故应急处理中共享资源、相互帮助制订的应急预案。这类预案适合资源有限的中、小企业以及高风险的大企业，这些企业需要高效的协调管理。

（4）应急管理预案

应急管理预案是综合性的事故应急预案，这类预案应详细描述事故前、事故过程中和事故后何人做何事、什么时候做、如何做。这类预案要明确完成每一项职责的具体实施程序。

4. 按照预案适用范围和功能分类

按照应急预案适用范围和功能，应急预案又可划分为综合预案、专项预案和现场预案以及单项预案。

（1）综合预案

综合预案也是总体预案，是预案体系的顶层设计，从总体上阐述城市的应急方针、政策、应急组织结构及相应的职责，应急行动的总体思路等。通过综合预案可以很清晰地了解城市的应急体系基本框架及预案的文件体系，可以作为本部门应急管理工作的基础。

（2）专项预案

专项预案是针对某种具体、特定类型的紧急事件，如危险物质泄漏和某类自然灾害等的应急响应而制订。专项预案是在综合预案的基础上充分考虑了某特定危险的特点，对应急的形式、组织结构、应急活动等进行更具体的阐述，具有较强的针对性。

（3）现场预案

现场预案是在专项预案的基础上，根据具体情况需要而编制，针对特定场所，通常是风险较大场所或重要防护区域等所指定的预案。例如，在危险化学品事故专项预案下编制的某重大风险源的场内应急预案等。现场预案具有更强的针对性，对指导现场具体救援活动的操作性更强。

（4）单项预案

单项预案是针对大型公众聚集活动（如经济、文化、体育、民俗、娱乐、集会等活动）和高风险的建设施工活动而制订的临时性应急行动方案。预案内容主要是针对活动中可能出现的紧急情况，预先对相关应急机构的职责、任务和预防性措施作出的安排。

第二节
应急预案基本结构与内容

应急救援是为预防、控制和消除环境污染事故对人类生命、财产和环境造成重大损害所采取的反应救援行动。应急预案则是开展应急救援行动的行动计划和实施指南。应急预案实际上是一个透明和标准化的反应程序，使应急救援活动能按照预先周密的计划和最有效的实施步骤有条不紊地进行。这些计划和步骤是快速响应和应急救援的基本保证。

应急预案是应急体系建设中的重要组成部分，应该有完整的系统设计、标准化的文本文件、行之有效的操作程序和持续改进的运行机制。

无论是哪一种应急预案，其基本结构可采用"1＋4"的结构模式，即一个基本预案加上应急功能（职能）设置、特殊风险预案、应急标准化操作程序和支持附件系统 4 个分预案，如图 6-1 所示。

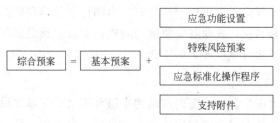

图 6-1 应急预案 "1+4" 结构模式

一、基本预案

基本预案也称"领导预案"，是应急反应组织机构和政策方针的综述，还包括应急行动的总体思路和法律依据，指定和确认各部门在应急预案中的责任与行动内容。其主要内容包括最高行政领导承诺、发布令、基本方针政策、主要分工职责、任务与目标、基本应急程序等。基本预案一般是对公众发布的文件。《国家突发公共事件总体应急预案》和《国家突发环境事件应急预案》就是我国应对突发公共安全事件和环境污染事故的基本预案。

基本预案可以使政府和企业高层领导能从总体上把握本行政区域或行业系统针对突发事故应急的有关情况，了解应急准备状况，同时也为制订其他应急预案如标准化操作程序、应急功能设置等提供框架和指导。基本预案包括以下 12 项内容。

1. 预案发布令

组织或机构第一负责人应为预案签署发布命令，援引国家、地方、上级部门相应法律和规章的规定，宣布应急预案生效。其目的是要明确实施应急预案的合法授权，保证应急预案的权威性。

在预案发布令中，组织或机构第一负责人应表明其对应急管理和应急救援工作的支持，并督促各应急部门完善内部应急响应机制，制订标准化操作程序，积极参与培训、演习和预案的编制与更新等。

2. 应急机构署名页

在应急预案中，可以包括各有关内部应急部门和外部机构及其负责人的署名页，表明各应急部门和机构对应急预案编制的参与和认同，以及履行承担职责的承诺。

3. 术语和定义

应列出应急预案中需要明确的术语和定义的解释和说明，以便使各应急人员准确地把握应急的有关事项，避免产生歧义和因理解不一致而导致应急时混乱等现象。

4. 相关法律和法规

我国政府近年来相继颁布了一系列法律法规，对突发公共事件、重大环境污染事件、危险化学品、特大安全事故、重大危险源等制订应急预案作了明确规定和要求，要求县级以上各级人民政府或生产经营单位制订相应的重大事故应急救援预案。

在基本预案中，应列出明确要求制订应急预案的国家、地方及上级部门的法律法规和规定，有关重大事故应急的文件、技术规范和指南性材料及国际公约，作为制订应急预案的根据和指南，以使应急预案更有权威性。

5. 方针政策与原则

列出应急预案所针对的事故（或紧急情况）类型、适用的范围和救援的任务，以及应急管理和应急救援的方针和指导原则。

方针与原则应体现应急救援的优先原则。如保护人员安全优先，防止和控制事故蔓延优先，保护环境优先。此外，方针与原则还应体现事故损失控制、高效协调，以及持续改进的思想。同时还要符合行业或企业实际。

6. 危险分析与环境综述

列出应急工作所面临的潜在重大危险及后果预测。给出区域的地理、气象、人文等有关环境信息，具体包括以下几方面：

① 主要危险物质及环境污染因子的种类、数量及特性。

② 重大危险源的数量及分布。

③ 危险物质运输路线分布。

④ 潜在的重大事故、灾害类型、影响区域及后果。

⑤ 重要保护目标的划分与分布情况。

⑥ 可能影响应急救援工作的不利条件。

影响救援的不利条件包括突发事故发生时间、发生当天的气象条件（温度、湿度、风向、降水）、临时停水、停电、周围环境、邻近区域同时发生事故。

⑦ 季节性的风向、风速、气温、雨量，企业人员分布及周边居民情况。

7. 应急资源

该部分应对应急资源作出相应的管理规定，并列出应急资源装备的总体情况，包括：应急力量的组成、应急能力；各种重要应急设施（备）、物资的准备情况；上级救援机构或相邻可用的应急资源。

8. 机构与职责

应列出所有应急部门在突发事故应急救援中承担职责的负责人。在基本预案中只要描述出主要职责即可，详细的职责及行动在标准化操作程序中会进一步描述。所有部门和人员的职责应覆盖所有的应急功能。

9. 教育、培训与演练

为全面提高应急能力，应对应急人员培训、公众教育、应急和演习做出相应的规定，内容包括：计划、组织与准备、效果评估、要求等。

① 应急人员的培训内容包括：如何识别危险、如何采取必要的应急措施、如何启动紧急警报系统、如何进行事件信息的接报与报告、如何安全疏散人群等。

② 公众教育的基本内容包括：潜在的重大危险，突发事故的

性质与应急特点，事故警报与通知的规定，基本防护知识，撤离的组织、方法和程序，在污染区或危险区行动时必须遵守的规则，自救与互救的基本常识。

③ 应急演习的具体形式既可以是桌面演习，也可以是实战模拟演习。按演习的规模可以分为单项演习、组合演习和全面演习。

10. 与其他应急预案的关系

列出本预案可能用到的其他应急预案（包括当地政府预案及签订互助协议机构的应急预案），明确本预案与其他应急预案的关系，如本预案与其他预案发生冲突时，应如何解决。

11. 互助协议

列出不同政府组织、政府部门、相邻企业或专业救援机构等之间签署的正式互助协议，明确可提供的互助力量（消防、医疗、检测）、物资、设备、技术等。

12. 预案管理

应急预案的管理应明确应急预案的制订、修改及更新的部门，应急预案的审查和批准程序等。

二、应急功能设置

预案应紧紧围绕应急工作中主要功能而编制，明确执行预案的各部门和负责人的具体任务。

应急功能设置预案中，要明确从应急准备到应急恢复全过程的每一个应急活动中，各相关部门应承担的责任和目标。每个单位的应急功能要以分类条目和单位功能矩阵来表示，还要以部门之间签署的协议书来具体落实。

应急功能一般来说，因突发事故风险的水平和可能导致的事故类型不同而不同。但一般应具有一些基本应急功能，其核心的功能包括：接警与通知、指挥与控制、警报与紧急公告、通信、事态监测与评估、警戒与管制、人群疏散、人群安置、医疗与卫生、公共关系、应急人员安全、消防与抢险、现场处置、现场恢复等。这里应明确每一个应急功能所对应的职责部门和目标。所有的应急功能都要明确"做什么""怎么做"和"谁来做"三个问题。

1. 接警与通知

准确了解突发事故的性质和规模等初始信息，是决定启动应急救援的关键，接警作为应急响应的第一步，必须对接警与通知要求作出明确规定。

① 应明确 24 小时报警电话，建立接警和突发事故的通报程序。

② 列出所有的通知对象及电话，将突发事故信息及时按对象和电话清单通知。

③ 接警人员必须掌握的情况有突发事故发生的时间、地点、种类、强度等基础信息。

④ 接警人员在掌握基本情况后，应立即通知领导层，报告突发事故情况，以及可能的应急响应级别。

⑤ 通知上级机构。

2. 指挥与控制

重大环境污染事件的应急救援往往涉及多个救援部门和机构。因此，对应急行动的统一指挥和协调是有效开展应急救援的关键。建立统一的应急指挥，协调和决策程序，便于对事故进行初始评估，确认紧急状态，从而迅速有效地进行应急响应决策、建立现场工作区域、开展救援行动、调配和使用应急资源等。

该应急功能应明确：

① 现场指挥部的设立程序。

② 指挥的职责和权力。

③ 指挥系统（谁指挥谁、谁配合谁、谁向谁报告）。

④ 启用现场外应急队伍的方法。

⑤ 事态评估与应急决策的程序。

⑥ 现场指挥与应急指挥部的协调。

⑦ 企业应急指挥与外部应急指挥之间的协调。

3. 警报和紧急公告

当事故可能影响到事发地周边企业或居民区时，应及时启动警报系统，向公众发出警报。同时通过各种途径向公众发出紧急公告，告知事故性质、对健康的影响、自我保护措施、注意事项等，以保证公众能够及时作出自我防护响应。决定实施疏散时，应通过紧急公告确保公众了解疏散的有关信息，如疏散时间、路线、随身携带物、交通工具及目的地等。

4. 通信

通信是应急指挥、协调和与外界联系的重要保障。在现场指挥部，各应急救援部门、机构、新闻媒体、医院、上级政府，以及外部救援机构之间，必须建立完善的应急通信网络。在应急救援过程中应始终保持通信网络畅通，并设立备用通信系统。

该应急功能要求：

① 建立应急指挥部，现场指挥各应急部门、外部应急机构之间的通信。说明主要通信系统的使用方法及联络电话。

② 定期维护通信设备、通信系统和通信联络电话，以确保应急时所使用的通信设备完好。

③ 准备在必要时启动备用通信系统。

5. 事态监测与评估

在应急救援过程中必须对事故的发展势态及影响及时进行动态的监测，建立对事故现场及场外的监测和评估程序。事态监测在应急救援中起着非常重要的决策支持作用，其结果不仅是控制事故现场，制订消防、抢险措施的重要决策依据，也是划分现场工作区域、保障现场应急人员安全、实施公众保护措施的重要依据。即使在现场恢复阶段，也应当对现场和环境进行监测。

在该应急功能中应明确：

① 由谁来负责监测与评估活动。

② 监测仪器设备及现场监测方法的准备。

③ 实验室化验及检验的支持。

④ 监测点的设置及现场工作和报告程序。

监测与评估一般由事故现场指挥和技术负责人或专业环境监测的技术队伍完成，应将监测与评估结果及时传递给应急总指挥，为制定下一步应急方案提供决策依据。

在对危险物质进行监测时，一定要考虑监测人员的安全，到事故影响区域进行监测，监测人员要穿上防护服。

6. 警戒与治安

为保障现场应急救援工作的顺利开展，在事故现场周围建立警戒区域，实施交通管制，维护现场治安秩序是十分必要的。其目的是要防止与救援无关人员进入事故现场，保障救援队伍、物资运输和人群疏散等的交通畅通，并避免发生不必要的伤亡。

该项应急功能的具体职责包括：

① 实施交通管制，对危害区外围的交通路口实施定向、定时封锁，严格控制进入事故现场的人员，避免出现意外的人员伤亡或引起现场的混乱。

② 指挥危害区域内人员的撤离，保障车辆的顺利通行，指引不熟悉地形和道路情况的应急车辆进入现场，及时疏散交通堵塞。

③ 维护撤离区和人员安置区场所的社会治安工作，保卫撤离区内和各封锁路口附近的重要目标和财产安全，打击各种犯罪分子。

④ 除上述职责以外，警戒人员还应负责协助发出警报、现场紧急疏散、人员清点、传达紧急信息以及事故调查等。

该职责一般由公安部门或企业保安人员负责，由于警戒人员往往是第一个到达现场，因此，对危险物质事故有关知识必须进行培训。

7. 人员疏散与安全避难

人员疏散是减少人员伤亡扩大的关键，也是最彻底的应急响应。事故的大小、强度、爆发速度、持续时间及其后果严重程度，是实施人员疏散应予考虑的一个重要因素，它将决定撤退人群的数量、疏散的可用时间及安全疏散距离等。

对人员疏散所作的规定和准备包括：

① 明确谁有权发布疏散命令。

② 明确需要进行人员疏散的紧急情况和通知疏散的方法。

③ 列举有可能需要疏散的位置。

④ 对疏散人群数量及疏散时间的估测。

⑤ 对疏散路线的规定。

⑥ 对需要特殊援助群体的考虑，如学校、幼儿园、医院、养老院、监管所，以及老人、残疾人等。

在紧急情况下，根据事故的现场情况也可以选择现场安全避难的方法。疏散与避难一般由政府组织进行。但企业、社区或相关部门必须事先做好准备，积极与地方政府主管部门合作，保护公众免受紧急事故危害。环保部门利用其在环境监测方面的技术力量，为人员疏散与避难安置地进行风险分析和确认。

8. 医疗与卫生

及时有效的现场急救和转送医院治疗，是减少事故现场人员伤亡的关键。在该功能中应明确针对可能发生的重大事故，所作的准备和安排或者联络方法等，该项功能主要包括：

① 可用的急救资源列表，如急救医院、救护车和急救人员。

② 抢救药品、医疗器械等的来源和供给。

③ 建立与上级或当地医疗机构的联系与协调，机构包括危险化学品应急抢救中心，毒物控制中心等。

④ 建立对受伤人员进行分类急救、运送和转送医院的标准操作程序。

⑤ 记录汇总伤亡情况，通过公共信息机构向新闻媒体发布受伤、死亡人数等信息。

⑥ 保障现场急救和医疗人员个人安全的措施。

⑦ 环保部门储备有大量危险化学品或其他污染因子的特性信

息，能够为污染事件的受害人员提供医疗救治的信息支持。

9. 公共关系

突发事故发生后，不可避免地会引起新闻媒体和公众的关注，应将有关事故或事件的信息、影响、救援工作的进展、人员伤亡情况等及时向媒体和公众公布，以消除公众的恐慌心理，避免公众的猜疑和不满。

该应急功能应明确：

① 信息发布审核和批准程序，保证发布信息的统一性，避免出现矛盾信息。

② 指定新闻发言人，适时举行新闻发布会，准确发布事故信息，澄清事故传言。

此项功能的负责人应该定期举办新闻发布会，提供准确的信息，避免错误的报道。当没有进一步信息时，应该让人们知道事态正在调查，将在下次新闻发布会通知媒体，但尽量不要回避或掩盖事实真相。

10. 应急人员安全

重大事故尤其是涉及危险物质的重大事故的应急救援工作危险性极大，必须对应急人员自身的安全问题进行周密的考虑，包括安全预防措施、个体防护设备、现场安全监测等。明确紧急撤离应急人员的条件和程序，保证应急人员免受事故的伤害。

应急响应人员自身的安全是重大工业事故或重大环境污染事件应急预案应予以考虑的一个重要因素。在该应急功能中，应明确保护应急人员安全所作的准备和规定，包括：

① 应急队伍或应急人员进入和离开现场的程序，包括指挥人员与应急人员之间的通信方式，及时通知应急救援人员撤离危险区域的方法，以避免应急救援人员承受不必要的伤害。

② 根据事故的性质，确定个体防护等级，合理配备个人防护设备，如配备自持式呼吸器等。此外，在收集到事故现场更多的信息后，应重新评估所需的个体防护设备，以确保正确选配和使用个

体防护设备。

③ 应急人员消毒的设施及程序。

④ 对应急人员有关保证自身安全的培训安排，包括紧急情况下正确辨识危险性质与合理选择防护措施的能力培训，正确使用个体防护设备等。

11. 消防与抢险

消防与抢险在重大事故应急救援中对控制事态的发展起着决定性的作用，承担着火灾扑救、救人、破拆、重要物资转移与疏散等重要职责。该应急功能应明确：

① 消防、事故等责任部门的职责与任务。

② 消防与抢险的指挥与协调。

③ 消防及抢险力量情况。

④ 可能的重大事故地点的供水和灭火系统情况。

⑤ 针对事故的性质，拟采取的扑救和抢险对策和方案。

⑥ 消防车、供水方案或灭火剂的准备。

⑦ 破拆、起重（吊）、推土等大型设备的准备。

⑧ 搜寻和营救人员的行动措施。

搜寻和营救行动通常由消防队执行，如果人员受伤，失踪或困在建筑物中，就需要启动搜寻和营救行动。

12. 现场处置

在危险物质泄漏事故中，泄漏物的控制及现场处置工作对防止环境污染、保障现场安全、防止事故影响扩大都是至关重要的。泄漏物控制包括泄漏物的围堵、收容和洗消去污。

在泄漏物控制过程中，始终应坚持"救人第一"的指导思想，积极抢救事故区受伤人员，疏散受威胁的周围人员至安全地点，将受伤人员送往医疗机构。

应急总指挥在处置过程中要始终掌握事故现场的情况，及时调整力量，组织轮换。在可能发生重大突变情况时，应急总指挥要果断作出决定，以避免更大的伤亡和损失。

13. 现场恢复

现场恢复是指将事故现场恢复到相对稳定、安全的基本状态。

只有在所有火灾扑灭、没有点燃危险存在，所有气体泄漏物质已经被隔离和剩余气体被驱散，环境污染物被消除，满足规定的条件时，应急总指挥才可以宣布结束应急状态。

当应急状态结束后，应急总指挥应该委派恢复人员进入事故现场，清理和恢复被损坏的设备和设施，处置环境污染物的残余等。

在应急结束后，事故区域还可能存在危险，如残留有毒物质、可燃物继续爆炸、建筑物结构由于受到冲击而倒塌等。因此，还应对事故及受影响区域进行检测，以确保恢复期间的安全。环保监测部门的监测人员应该确定受破坏区域的污染程度或危险性。如果此区域可能给相关人员带来危险，安全人员要采取一定的安全措施，包括发放个人防护设备，通知所有进入人员有关受破坏区的安全限制信息等。

恢复工作人员应该用彩带或其他设施将被隔离的事故现场区域围成警戒区。公安部门或保安人员应防止无关人员入内。

三、特殊风险预案

特殊风险管理是主要针对具体突发和后果严重的特殊危险事故或特殊条件下的事故应急响应而制订的指导程序。特殊风险管理具体内容根据不同事故或事件情况设定，除包括基本应急程序的行动内容外，还应包括特殊事故或事件的特殊应急行动。

特殊风险预案是在公共安全风险评价的基础上，进行可信不利场景的危险分析，提出其中若干类不可接受风险。根据风险的特点，针对每一特殊风险中的应急活动，分别划分相关部门的主要负责、协助支持和有限介入三类具体的职责。不同企业和不同行业的风险不同，事故类型也不同，应针对其不同的特殊风险水平来制订相应的特殊风险管理内容。对于环境污染事故中的危险性较大、影响程度较严重的场景，如剧毒化学品的泄漏、核事故等，需要制订特殊的风险处置预案。

四、应急标准化操作程序

标准操作程序（standard operation procedures，SOPs）是对"基本预案"的具体扩充，说明各项应急功能的实施细节，其程序中的应急功能与"应急功能设置"部分协调一致。其应急任务符合"特殊风险管理"的内容和要求，并对"特殊风险"的应急流程和管理进一步细化。同时，SOPs内涉及的一些具体技术资料信息等可以在"支持附件"部分查找，以供参考。由此可见，应急预案的以上各部分相互联系、相互作用、相互补充，构成了一个有机整体。

应急标准化操作程序主要是针对每一个应急活动执行部门，在进行某几项或某一项具体应急活动时所规定的操作标准。这种操作标准包括一个操作指令检查表和对检查表的说明。一旦应急预案启动，相关人员可按照操作指令检查表，逐项落实行动。应急标准化操作程序是编制应急预案中最重要和最具可操作性的文件，回答的是在应急活动中谁来做、如何做和怎样做的一系列问题。

一般来说，作为一个SOPs其基本要求如下：

（1）可操作性

SOPs就是为应急组织或人员提供详细、具体的应急指导，必须具有可操作性。SOPs应明确标准操作程序的目的，执行任务的主体、时间、地点，具体的应急行动、行动步骤和行动标准等。

（2）协调一致性

在应急救援过程中会有不同的应急组织或应急人员参与，并承担不同的应急职责和任务，开展各自的应急行动。因此，SOPs在应急功能、应急职责及与其他人员配合方面，必须要考虑相互之间的接口，应与基本预案的要求、与应急功能设置的规定、与特殊风险预案的应急内容、与支持附件提供的信息资料，以及与其他SOPs应协调一致，不应该有矛盾或逻辑错误。

（3）针对性

应急救援活动由于突发事故发生的种类、地点、环境、时间、事故演变过程的差异，而呈现出复杂性。SOPs 是依据特殊风险管理部分对特殊风险的状况描述和管理要求，结合应急组织或个人的应急职责和任务而编制相应的程序。每个 SOPs 必须紧紧围绕各程序中应急主体的应急功能和任务来描述应急行动的具体实施内容和步骤，要有针对性。

（4）连续性

应急救援活动包括应急准备、初期响应、应急扩大、应急恢复等阶段，是连续的过程。为了指导应急组织或人员能在整个应急过程中发挥其应急作用，SOPs 必须具有连续性。同时，随着事态的发展，参与应急的组织和人员会发生较大变化，因此也应注意 SOPs 中应急功能的连续性。

（5）层次性

SOPs 可以结合应急组织的组织机构和应急职能的设置，分成不同的应急层次。如针对某公司可以有部门级应急标准操作程序、班组级应急标准操作程序等。

五、支持附件

应急活动的各个过程中的任务实施都要依靠支持附件的配合和支持。这部分内容最全面，是应急的支持体系。支持附件的内容很广泛，一般应包括以下几方面。

① 组织机构附件。

② 法律法规附件。

③ 通信联络附件。

④ 信息资料数据库。

⑤ 技术支持附件。

⑥ 协议附件。

⑦ 通报方式附件。

⑧ 重大环境污染事故处置措施附件。

第三节
突发环境事件应急预案编制

编制应急预案是按照应急管理中预防为主的原则，对应急响应工作做好事前准备，以便于具体指导应急响应活动。它的一个重要前提就是假定某类事件发生了，通过对其进行情况分析，整合现有能力和资源，动员周边力量，进行准备的计划。

一、编制的基本原则

突发环境事件应急预案覆盖应急准备、初级响应、扩大应急和应急恢复全过程。编制应急预案，必须建立在重点危险源的调查及风险评估的基础上，主要遵循以下几个基本原则：

① 坚持以人为本。
② 坚持统一领导，分类管理，分级响应。
③ 坚持属地为主，条块结合，分级响应。
④ 坚持预防为主。
⑤ 坚持平战结合，专兼结合。

二、编制的基本过程

突发环境事件应急预案编制工作是一项涉及面广、专业性强的工作，是一项非常复杂的系统工程，为了确保预案科学性、针对性和可操作性，预案编制人员需要具备环保、安全、工程技术、环境恢复、组织管理、医疗急救等各方面的知识，因此，预案编制小组人员要由各方面的专业人员或专家组成，对于突发环境事件应急预案的编制，须建立在生产经营单位对自身进行环境风险等级评估的基础上。企业可以委托有资质的专业机构，也可以自行组织预案编制小组进行编写。具体编制工作程序如图 6-2 所示。

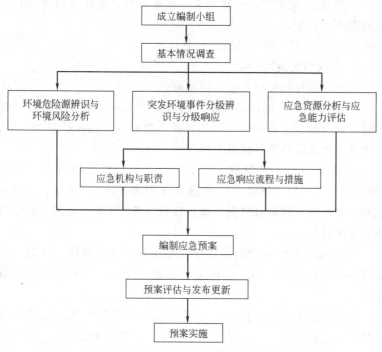

图 6-2 应急预案编制工作程序

1. 成立应急预案编制小组

成立以企业主要负责人为领导的应急预案编制工作组，针对可能发生的事件类别和应急职责，结合企业部门职能分工抽调预案编制人员。预案编制人员应来自企业相关职能部门和专业部门，包括应急指挥、环境风险评估、生产过程控制、安全、组织管理、监测、消防、工程抢险、医疗急救、防化等各方面的专业人员和企业内部、外部专家。预案编制工作组应进行职责分工，制订预案编制任务和工作计划。

2. 基本情况调查

（1）企业基本情况调查

① 企业名称、法人、法人代码、详细地址等。

② 企业经济性质、隶属关系、从业人数，来往人数（原料供应商及客户）等。

③ 企业地理位置（经纬度）等。

④ 其他情况说明。

（2）企业环境危险源基本情况调查

① 企业的主、副产品及生产过程中产生的中间体的名称及日产量，原材料、燃料名称及日消耗量、物料最大储存量和加工量，列出涉及的危险物质名称及数量等。

② 企业生产工艺流程、主要生产装置，危险物质储存方式（槽、罐、池、坑、堆放等），收集企业平面布置图，雨水、清净下水和污水收集、排放管网图、应急设施（备）平面布置图、企业消防设施配置图。

③ 企业排放污染物的名称及排放量，污染治理设施处理量及处理后废物产生量，污染治理工艺流程、设备及其他环境保护措施等。

④ 企业危险废物的产生、储存、转移、处置情况，危险废物处理单位名称、地址、联系方式、资质、处理场所的位置，危险废物处理的设计规范和防范环境风险情况。

⑤ 企业危险物质及危险废物的运输（输送）单位、运输方式、日运量、运地、运输路线、"跑、冒、滴、漏"的防护措施等。

（3）企业周边环境状况及环境敏感点的调查

① 企业所在地的气候（气象）特征，如风向、风速、降雨量、暴雨期等。

② 企业所在区域地形地貌及厂址的特殊状况（如上坡地、河流的岸边）。

③ 企业所处区域地理位置图（比例尺 1∶5000 和 1∶50000），图中包括以下内容：

a. 年风向玫瑰图。

b. 物料运输（进厂和出厂）依托的公路、铁路、水域，以及管道。

c. 受纳本企业废水（包括污水处理厂出水、直排清净下水和雨水）的水域，废水排放路径及排污口位置，企业厂区外固体废物处置场。

d. 周边区域道路交通、疏散路线、周边区域的企业分布、社区重要基础设施等。

e. 区域内环境敏感点（调查范围按 HJ/T 169 确定）。

④ 企业废水（包括污水处理厂出水、直排清净下水和雨水）排放去向（水域名称），废水输送方式，排污口位置，水域功能类别。企业排污口下游的环境敏感点（地表水及地下水取水口、饮用水水源保护区、珍稀动植物栖息地或特殊生态系统、红树林、珊瑚礁、鱼虾产卵场、重要湿地和天然渔场等）名称，保护级别，与企业排污口的距离。

⑤ 列表说明区域内各环境敏感点名称及与企业边界的方位和距离，人口集中居住区人口数量、学校的相对位置和学生人数、医院的相对位置及联系方式。

⑥ 企业相关地表水、地下水、海域、大气环境功能区划，受纳水体（包括支流和干流）情况及执行的环境标准，区域地表水、地下水（或海水）及区域环境空气执行的环境标准。

⑦ 企业下游供水设施服务区设计规模及日供水量、联系方式；取水口名称、地点及距离、地理位置（经纬度）等，服务范围内灌溉面积、基本农田保护区情况。

⑧ 企业下游地下水打井取水情况。

⑨ 周边企业的基本情况。

⑩ 企业周边区域道路情况及交通干线流量等。

3. 环境危险源环境风险分析

基本方法可参照《建设项目环境风险评价技术导则》，预案中至少对以下方面作出详细的说明：

① 明确企业存在的环境危险源、环境风险分析结果，以及可能发生突发环境事件的后果和波及范围。

② 对企业存在的爆炸、井喷、火灾、泄漏等突发环境事件风险进行识别。

③ 对可能引发突发环境事件的重大环境危险源，应分析其关键装置、要害部位的风险程度，作为事件分级的主要依据。

④ 生产车间、污染治理设施正常工况下与非正常工况下，产生与排放污染物种类与最大量。

⑤ 自然条件可能造成污染事故的说明（暴雨初期，自然灾害等）。

⑥ 可能产生各类污染物对人、动植物等危害性说明。

⑦ 各类污染物相关标准及限值（至少应包括居民区大气中有害物最高允许浓度，车间空气中有害物质的最高容许浓度，大气污染物综合排放标准及行业标准，生活饮用水卫生标准，地表水环境质量标准，污水综合排放标准及行业标准等）。

⑧ 根据污染物可能波及范围和环境敏感点的距离，预测不同环境敏感点可能出现污染物的浓度值，并确定环境敏感点级别。

⑨ 运输过程中由于事故，释放危险物质对环境敏感点的影响分析。

⑩ 事故产生污染物对跨界（国家、省、市、县）影响的说明。

4. 应急资源分析与应急能力评估

针对环境危险源辨识及环境风险分析结果，对企业的应急资源、处置能力以及员工的综合应急能力进行分析和评估，找出不足，并在应急保障中采取适当的强化保障措施。

5. 突发环境事件分级辨识与分级响应

针对环境危险源辨识、环境风险分析及应急能力评估结论，按照突发环境事件严重性、紧急程度及危害程度，对企业突发环境事件进行分级辨识，根据事件分级辨识结论，分析应急响应分级。

6. 应急预案编制

在以上调查分析结果的基础上，针对可能发生的突发环境事件类型和影响范围，编制企业综合环境应急预案、专项环境应急预案和现场处置预案。

对环境风险种类较多、可能发生多种类型突发事件的，编制综合环境应急预案。综合环境应急预案应当包括本单位的应急组织机构及其职责、预案体系及响应程序、事件预防及应急保障、应急培训及预案演练等内容。

对水、大气、土壤、火灾爆炸等某一种类的环境风险，根据存在的重大危险源和可能发生的突发事件类型，编制相应的专项环境应急预案。专项环境应急预案应当包括危险性分析、可能发生的事件特征、主要污染物种类、应急组织机构与职责、预防措施、应急处置程序和应急保障等内容。

对企业存在爆炸、井喷、火灾、泄漏等环境风险较大的重点岗位，编制重点工作岗位的现场处置预案。现场处置预案应当包括危险性分析、可能发生的事件特征、应急处置程序、应急处置要点和注意事项等内容。

综合环境应急预案、专项环境应急预案和现场处置预案之间应当相互协调，充分利用社会应急资源，与地方政府预案、上级主管单位以及相关部门的预案相衔接。

7. 应急预案的评估与发布更新

应急预案编制完成后，应进行评估。评估由企业主要负责人组织有关部门和相关专业人员进行。预案经评估完善后，由单位主要负责人签署发布，按规定报本地环保部门备案。同时，明确实施的时间、抄送的部门、企业、社区等。

企业应急预案每三年至少修订一次；有下列情形之一的，应当及时进行修订。

① 本单位生产工艺和技术发生变化的。

② 相关单位和人员发生变化或者应急组织指挥体系或职责调整的。

③ 周围环境或者环境敏感点发生变化的。

④ 预案依据的法律、法规、规章等发生变化的。

⑤ 环保主管部门或者企事业单位认为应当适时修订的其他情形。

环保主管部门或者企事业单位，应当于预案修订后 30 日内将新修订的预案报原预案备案管理部门重新备案；预案备案部门可以根据预案修订的具体情况要求修订预案的环保主管部门或者企事业单位对修订后的预案进行评估。

8. 应急预案的实施

预案批准发布后，企业应落实预案中的各项工作及设施的建设，明确各项职责和任务分工，加强应急知识的宣传、教育和培训，定期组织应急预案演练，实现应急预案持续改进。

第四节
应急预案管理

应急预案是应急救援行动的指南性文件，为保证应急预案的有效性和与实际情况的符合性，必须对预案实施有效的管理。

一、管理原则

应急预案的管理应当遵循全过程管理的原则。从预案的编制、评估、发布、备案、实施、修订等方面加以监管。环境保护部对全国环境应急预案管理工作实施统一监督管理，指导环境应急预案管理工作。县级以上环境保护部门负责本行政区域内环境应急预案的监督管理工作。

二、编制

应急预案编制部门或单位，应当根据突发环境事件性质、特点和可能造成的社会危害，组织有关单位和人员，成立应急预案编制小组，开展应急预案起草工作；应急预案的编制过程必须要按照应急预案编制导则的有关规定，从程序、内容上一一对应；应当征求应急预案涉及的有关单位意见，有关单位要以书面形式提出意见和建议。

三、评审

依据广东省《企业事业单位突发环境事件应急预案评审技术指南》，应急预案编制部门或单位应依据有关法律法规规定，组织专家和单位有关人员组成评估小组对本部门或本单位编制的应急预案进行评审；必要时，应当召开听证会，听取社会有关方面的意见。应急预案编制部门或单位应当依据评审结果，完善应急预案。

评审程序如图6.3所示。

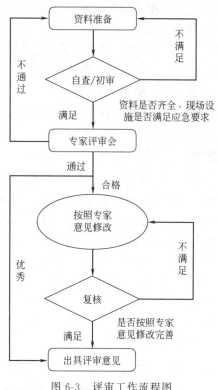

图 6-3　评审工作流程图

1. 评审准备

企业事业单位应成立预案编制组，在开展环境风险评估和应急资源调查基础上，编制突发环境事件应急预案。

企业事业单位完成以下预案相关评审材料，可组织召开或委托开展评审：

① 环境应急预案及编制说明。

② 环境风险评估报告。

③ 环境应急资源调查报告。

2. 自查或初审

应按照国家和地方对预案的相关要求，对预案相关材料进行自查，或委托第三方评审组织单位对预案相关材料进行初审。

自查或初审的要点为：

① 预案基本要素是否齐全，整体形式是否规范，尤其是环境风险单元的识别、应急设施与措施、应急组织机构及职责、信息报告等重点内容是否全面、明晰。

② 项目现场环境预防预警措施和应急设施是否满足自身应急需求，有全面专业的应急能力分析。

3. 专家评审会

预案评审小组人员应当包括：

① 评审专家。评审专家应熟悉环境应急管理工作有关法律、法规、规章和政策、标准，具有相关行业或相关专业技术经验。重大环境风险等级的企业事业单位的评审专家数量一般为 5 名或以上，其他环境风险等级的评审专家数量一般为 3 名。建议较大及以上环境风险等级企业事业单位的评审在县级或以上环境应急专家库中至少抽取 1 名专家。

② 相关政府管理部门人员。

③ 周边环境风险受体代表。

④ 相邻重点风险源单位代表。

选取评审小组成员时，应注意回避与本单位存在利益关系、可能影响公正性的人员。业主单位与提供本次预案技术咨询服务单位的人员不得作为评审小组成员。

应提前3个工作日将评审材料的纸质或电子文档送至评审小组成员。会议议程应包含预案介绍、现场踏勘、专家质询、形成评审意见等环节。

评审意见包括专家组共同填写的评审意见表与由专家分别填写的预案评审表组成。评审意见结论除给出"通过"或"不通过"的基本结论外，还应包括评审小组对预案及相关材料、现场应急设施、环境应急管理等的评价与建议等内容。

预案评审总分（以下简称为总分）为专家组内各专家评分的平均值，总分小于60分为不及格，建议对预案进行重大修改或对现场应急设施进行整改后，重新组织专家评审；总分大于等于60分小于90分为合格，建议对预案进行修改后，由专家组组长或第三方评审组织单位进行复核；总分大于等于90分为优秀，建议直接通过评审，不需专家组组长或第三方评审组织单位复核。评审小组认为预案及相关材料有弄虚作假行为或存在重大缺陷，应急措施不能满足突发环境事件的应急需求等情形的，可给出"不通过"的评审结论，并提出明确的整改意见。

企业事业单位或第三方编制单位应按照评审意见，对预案进行全面分析，及时修改完善。评审不通过的企业事业单位，应根据评审会议要求完善整改，并按程序重新评审。

4. 复核

根据评审意见将预案相关材料修改完善后，列出修改清单，交由专家组组长或第三方评审组织单位进行书面或现场复核。

专家组组长或第三方评审组织单位认为修改后的预案及相关材料满足备案要求，应在评审意见表复核意见处签署复核意见并签名或盖章确认。

5. 评审要点

（1）预案编制整体是否符合要求

① 预案材料基本要素是否完整，内容格式是否规范。基本要素包括总则、周边环境风险受体分析、环境风险单元的识别、应急组织体系与职责、预防和预警机制、应急处置、后期处置、应急保障、监督管理、附件资料等。

② 是否符合国家法律、法规、规章、标准和编制指南规定。

③ 是否符合本地区、本企业事业单位突发环境事件应急工作实际。

④ 与地方政府相关应急预案是否衔接，是否说明与企业事业单位内部其他相关预案的关系。

⑤ 环境事件分级是否合理，是否根据企业事业单位突发环境事件及其后果分析，按照可能发生的突发环境事件的影响范围及严重程度，对环境事件进行合理分级。

（2）项目基本情况是否清晰

① 项目概况包括主要产品情况、原辅材料种类及最大储存量、主要生产工艺流程和生产设施等是否明确，废气、废水、固体废物等污染物的产生、处理处置和排放去向情况是否描述清晰，雨水管网的收集与去向，雨/污水排放口数量、位置是否明确。

② 项目周边可影响范围内的环境风险受体是否明确、全面。

（3）环境风险单元的识别是否准确

① 主要环境风险与潜在环境风险单元的识别是否准确，可以从以下几个方面进行考虑：

a. 生产原料、燃料、产品、中间产品、副产品、催化剂、辅助生产原料的种类、数量以及储存情况。

b. 废气、废水、固体废物等污染物的收集、处置情况。

c. 重大危险源辨识结果。

② 是否收集并总结了国内外同类企事业单位突发环境事件资料及经验教训。

③ 提出的可能发生突发环境事件情景是否全面。

④ 可能发生的突发环境事件源项分析、突发环境事件危害后

果分析等描述是否全面、具体。

（4）现有环境应急能力的差距分析与整改计划

① 是否涵盖了环境风险管理制度、环境风险防控与应急措施、环境应急资源等差距分析。尤其是环境风险单元应急设施（如围堰、应急沟渠、收集池等）、事故废水收集设施（应急池体及相关配套设施，雨水排放口应急闸门等）、应急物资的配置等是否满足应急需求。

② 企业事业单位需要整改的短期、中期和长期项目内容是否明确。

③ 是否已制订完善环境风险防控和应急措施的实施计划，并明确了环境风险管理制度、环境风险防控措施、环境应急能力建设等内容。

④ 企业事业单位突发环境事件环境风险等级的判定是否合理、准确。

（5）应急组织机构是否健全、职责是否明确

① 是否依据项目的规模大小和可能发生的突发环境事件的危害程度，设置分级应急救援组织机构，并以组织机构图的形式将参与突发环境事件处置的部门或队伍列出来。

② 是否成立应急救援指挥部，指挥机制是否合理，具体职责是否明确。

③ 是否依据自身条件和可能发生的突发环境事件的类型建立应急救援专业队伍。应急救援专业队伍的具体职责与人员配置情况是否明确、合理。

（6）预防与预警机制是否合理

① 是否根据突发环境事件严重性、紧急程度和可能波及的范围，对突发环境事件进行预警分级。分级是否科学合理、明确具体，并与环境事件分级相衔接。

② 预警信息的发布、解除等流程以及内容是否明确。应包括以下内容：

a. 企业内部报告程序。

b. 外部报告时限要求及程序。

c. 事件报告内容（含报告部门、报告时间、可能发生的突发环境事件的类别、起始时间、可能影响范围、预警级别、警示事项、事态发展、相关措施、咨询电话等）。

③ 预防预警设施是否满足应急需求，措施是否明确具体、可操作性强。

（7）应急处置是否及时可行

① 分级应急响应是否准确，是否与环境事件分级相衔接。预案是否针对突发环境事件危害程度、影响范围、内部控制事态的能力以及需要调动的应急资源，将突发环境事件应急行动分为不同的等级，并根据事件发生的级别不同，确定不同级别的现场负责人，指挥调度应急救援工作和开展事件处置措施。

② 突发环境事件现场应急措施是否有效。根据污染物的性质及事件类型，事件可控性、严重程度和影响范围，需确定：

a. 应急过程中使用的应急物资以及可获得性说明。

b. 工艺生产过程中所采用应急方案及操作程序，工艺流程中可能出现问题的解决方案，应急时紧急停车、停产的基本程序，基本控险、排险、堵漏、输转等的基本方法。

③ 抢险、救援及控制措施是否有效。需明确以下内容：

a. 抢险、救援方式、方法及人员的防护、监护措施。

b. 应急救援队伍的调度。

c. 事件可能扩大后的应急措施。

④ 应急设施的启用是否合理。特别是为防止污染物扩散而建立的应急设施的启用是否合理、及时。

⑤ 应急监测计划是否完善。突发环境事件发生时，需明确：

a. 污染物现场应急监测和实验室监测的方法、标准，以及所采用的仪器、药剂等。

b. 可能受影响区域的监测布点和频次。

c. 内、外部应急监测分工说明。

⑥ 人员撤离和疏散方案是否合理。预案需明确：

a. 事件现场人员撤离的方式、方法，以及人员的清点。

b. 事件影响区域，如周边工厂企业、社区和村落等人员的紧急疏散的方式、方法。

⑦ 信息报告和发布是否及时、准确。信息报告和发布的相关内容应包括：

a. 事件发生的时间、地点、类型和排放污染物的种类、数量、已采取的应急措施，已污染的范围，潜在的危害程度，转化方式趋向，可能受影响区域及采取的措施建议。

b. 通报可能受影响的区域说明。

c. 24 小时有效的内部、外部通信联络手段。

（8）后期处置是否可行

① 善后处理、现场清洁净化和环境恢复措施，以及可能产生的二次污染的处理措施是否可行。

② 事件调查与后期评审机制是否健全。

（9）监督管理措施是否完善

① 是否制订了应急保障措施及培训方案、计划，并规定了演练内容。

② 是否规定了预案评审、发布和更新的要求。

③ 现场是否在环境风险单元处张贴突发环境事件处置流程图、人员疏散路线图等标识。

（10）附件材料是否齐备

主要附件应包括：

① 项目环境影响评价批复文件及竣工环保验收文件。

② 周边环境风险受体名单及联系方式。

③ 危险废物与主要工业废物处理处置合同。

④ 应急救援组织机构名单（应包含应急组织机构所有成员名单及联系电话）。

⑤ 外部救援单位及政府有关部门联系电话。

⑥ 应急设施及应急物资清单及图片（应包含物资管理人联系方式、物资存放位置）。

主要附图应包括：

① 厂区地理位置及周边水系图。

② 周边环境风险受体分布图。

③ 厂区四邻关系图。

④ 厂区平面布置图（含环境风险单元、应急物资位置分布）。

⑤ 雨水、污水和各类事故废水的流向图（应包含应急池体、雨水排放口位置）。

⑥ 紧急疏散路线图。

四、发布及备案

依据《企业事业单位突发环境事件应急预案备案管理办法（试行）》（环发〔2015〕4 号），县级以上人民政府环境保护主管部门编制的环境应急预案应当报本级人民政府和上级人民政府环境保护主管部门备案。

企业环境应急预案应当在环境应急预案签署发布之日起 20 个工作日内，向企业所在地县级环境保护主管部门备案。县级环境保护主管部门应当在备案之日起 5 个工作日内将较大和重大环境风险企业的环境应急预案备案文件，报送市级环境保护主管部门，重大的同时报送省级环境保护主管部门。

跨县级以上行政区域的企业环境应急预案，应当向沿线或跨域涉及的县级环境保护主管部门备案。县级环境保护主管部门应当将备案的跨县级以上行政区域企业的环境应急预案备案文件，报送市级环境保护主管部门，跨市级以上行政区域的同时报送省级环境保护主管部门。省级环境保护主管部门可以根据实际情况，将受理部门统一调整到市级环境保护主管部门。受理部门应及时将企业环境应急预案备案文件报送有关环境保护主管部门。

企业环境应急预案首次备案，现场办理时应当提交下列文件。

① 突发环境事件应急预案备案表。

② 环境应急预案及编制说明的纸质文件和电子文件，环境应

急预案包括：环境应急预案的签署发布文件、环境应急预案文本。编制说明包括：编制过程概述、重点内容说明、征求意见及采纳情况说明、评审情况说明。

③ 环境风险评估报告的纸质文件和电子文件。

④ 环境应急资源调查报告的纸质文件和电子文件。

⑤ 环境应急预案评审意见的纸质文件和电子文件。

提交备案文件也可以通过信函、电子数据交换等方式进行。通过电子数据交换方式提交的，可以只提交电子文件。

受理部门收到企业提交的环境应急预案备案文件后，应当在5个工作日内进行核对。文件齐全的，出具加盖行政机关印章的突发环境事件应急预案备案表。

提交的环境应急预案备案文件不齐全的，受理部门应当责令企业补齐相关文件，并按期再次备案。再次备案的期限，由受理部门根据实际情况确定。

受理部门应当一次性告知需要补齐的文件。

建设单位制订的环境应急预案或者修订的企业环境应急预案，应当在建设项目投入生产或者使用前，按照上述要求，向建设项目所在地受理部门备案。

受理部门应当在建设项目投入生产或者使用前，将建设项目环境应急预案或者修订的企业环境应急预案备案文件，报送有关环境保护主管部门。

企业环境应急预案有重大修订的，应当在发布之日起20个工作日内向原受理部门变更备案。变更备案按照首次备案的要求办理。

环境应急预案个别内容进行调整、需要告知环境保护主管部门的，应当在发布之日起20个工作日内以文件形式告知原受理部门。环境保护主管部门受理环境应急预案备案，不得收取任何费用，不得加重或者变相加重企业负担。

工程建设、影视拍摄和文化体育等群体性活动的临时环境应急预案，主办单位应当在活动开始3个工作日前报当地人民政府环境保护主管部门备案。

五、修订

　　县级以上人民政府环境保护主管部门或者企业（事业）单位，应当按照有关法律法规和本办法的规定，根据实际需要和情势变化，依据有关预案编制指南或者编制修订框架指南修订环境应急预案。

　　环境应急预案每三年至少修订一次；有下列情形之一的，企业（事业）单位应当及时进行修订：

　　① 本单位生产工艺和技术发生变化的。

　　② 相关单位和人员发生变化或者应急组织体系或职责调整的。

　　③ 周围环境或者环境敏感点发生变化的。

　　④ 环境应急预案依据的法律、法规、规章等发生变化的。

　　⑤ 环境保护主管部门或者企业（事业）单位任务应当适时修订的其他情形。

　　环境保护主管部门或者企业（事业）单位，应当于环境应急预案修订后 30 日内将新修订的预案报备案管理部门重新备案；备案部门可以根据预案修订的具体情况要求修订预案的环境保护主管部门或者企业（事业）单位对修订后的预案进行评估。

→ 思考与练习

　　1. 常见的应急预案分类有哪些？　请举例说明。

　　2. 简述应急预案的基本结构与内容。

　　3. 简述应急预案编制的基本过程。

　　4. 应急预案的管理包括哪些内容？

实训三
应急预案编制

一、实训目的

　　学会根据企业实际存在的环境风险及基础资料，依据突发环境

事件应急预案编制方法和编制步骤，编写出企业突发环境事件应急
预案。

二、实训学时安排

4 学时

三、实训场地要求

电脑实训机房

四、实训工具与材料

1. 教师给出企业基本情况资料和风险源存在情况资料；

① 公司名称：某某灯饰有限公司。

② 生产工艺如图 6-4 所示。

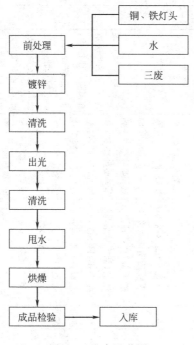

图 6-4　生产工艺图

③ 生产经营中使用的危险化学品见表 6-2。

表6-2 生产经营中使用的危险化学品

序号	危险化学品名称	CAS编号	危险性类别	理化性质	危险性	健康危害	使用量/(t/a)	储存方式	最大储存量/t	运输方式	应急处理的技术和方法
1	硫酸	77664-93-9	酸性腐蚀品	外观气味:本品为无色无味透明油状液体,一般为黄色、黄棕色或混浊状;低温易结晶 化学式:H_2SO_4 相对分子质量:98.08 熔点:10℃ 沸点:340℃(分解) 相对密度:3.4(空气) 1.8(水) 蒸气压:0.13kPa 溶解性:能与水混溶	强烈的腐蚀性,和吸水性,遇水大量放热,可沸溅;遇易燃物(如糖、纤维素)接触会发生剧烈反应(强氧化性),甚至燃烧,生成有毒烟雾(氧化物);强酸;加热时产生酸雾;遇碱发生猛烈反应;稀酸腐蚀常用金属生成氢气,易爆	短期接触对眼睛、皮肤和呼吸道有很强的腐蚀性,吸入其溶液胶可能引起肺水肿,反复或长期接触损伤肺部,还有发生牙齿腐蚀的危险	160	储罐储存	20	槽车运输	急救措施:吸入酸雾后应立即脱离现场,休息,半休息体位,必须时进行人工呼吸,医疗护理,皮肤接触后应脱去污染的衣服,用大量水迅速冲洗,并给以医疗护理。误服后漱口,大量饮水,不要催吐,并给以医疗护理 泄漏应急处理:撤离危险区域,应急处理人员戴自给正压式呼吸器,穿防酸碱衣。切断泄漏源,防止进入地下水道,可将泄漏物收集在可密闭容器中,回收到安全处,大量泄漏处理可加入碱中和,回收至废物处理构筑围堤等。消防方法:禁止用水,使用干粉、二氧化碳、沙土

续表

序号	危险化学品名称	CAS编号	危险性类别	理化性质	危险性	健康危害	使用量/(t/a)	储存方式	最大储存量/t	运输方式	应急处理的技术和方法
2	硝酸	7697-37-2	酸性腐蚀品	外观气味:黄色至无色,有刺激性气味。化学式:HNO_3 相对分子质量:63 熔点:-42℃ 沸点:83℃(分解) 相对密度:1.4 蒸气压:38kPa 溶解性:能与水混溶	加热时分解,产生有毒烟雾,强氧化剂,与可燃物和还原物质发生激烈反应、爆炸。强酸性,与碱发生激烈反应。腐蚀性大多数金属,生产多常用氧氯氧,与有机物发生激烈反应,引起火灾和爆炸危险	短期接触对眼睛,皮肤和呼吸道有很强的腐蚀性。吸入其溶胶可能引起肺水肿。反复或长期接触皮肤部,还有发生牙齿腐蚀的危险	70	储罐储存	10	槽车运输	急救措施:立即脱离现场,至空气新鲜处,保持安静及保暖。溅入眼睛要用大量水冲洗15min以上。皮肤沾染应立即就洗。如有灼伤应立即就医。泄漏处理:撤离危险区域,应急处理人员戴自给正压式呼吸器,穿防酸碱衣。切断泄漏源,防止流入地下水道,干燥,可将泄漏物收集在容器中,或用沙土、干燥石灰、苏打灰混合后大量泄漏回收,回收物应安全处理。大量泄废物应处理构筑围堤等。回收至废物处理所安全处置 消防方法:切断气源,将容器从火场冷却至空旷处,喷水至空旷处

续表

序号	危险化学品名称	CAS编号	危险性类别	理化性质	危险性	健康危害	使用量/(t/a)	储存方式	最大储存量/t	运输方式	应急处理的技术和方法
3	盐酸	7647-01-0	酸性腐蚀品	外观气味：本品为无色微黄发烟液体，有刺鼻的气味。化学式：HCl 相对分子质量：36.46 熔点：-114.8℃ 沸点：108.6℃（分解） 相对密度：1.2 蒸气压：30.66kPa 溶解性：与水混溶	对大多数金属有强腐蚀性，与活泼金属粉末发生反应放出氢气，与氰化物产生剧毒氰化氢气体。浓盐酸在空气中发烟，触及蒸气生成白色烟雾	短期接触可出现咽痛、咳嗽、窒息感。严重者发生喉痉挛或肺水肿。与皮肤接触可引起腐蚀性灼伤。对牙齿有酸蚀	830	储罐储存	40	槽车运输	急救措施：吸入酸雾后应立即脱离现场，安置休息并保暖，皮肤接触后应脱去污染的衣服，用大量水迅速冲洗。误服后不要催吐，并给以医疗护理 泄漏应急处理：撤离危险区域，应急处理人员戴防酸碱衣、戴自给正压式呼吸器，穿防酸碱衣。少量泄漏用沙土、干燥石灰或苏打灰混合，也可以用水冲洗后排放废水处理或处理系统。大量泄漏：构筑围堤或挖洞收集，用泵转移至槽车内、残余物回收运至废物处理场所安全处置 消防方法：用碱性物质如碳酸氢钠、碳酸钠、消石灰等中和，也可用大量水扑救。消防队员应穿戴氧化防毒面具及全身防护服

2. 实训记录表。

五、实训方法

由学生根据教师给定的企业基本情况资料和风险源存在情况资料，依据突发环境事件应急预案编制方法和编制步骤，确定企业应急预案编制小组成员名单、各成员职责、风险源性质及存在的潜在风险，确定企业需预防的事故及事故发生后应采取的措施，编制出企业突发环境事件应急预案。

六、实训步骤

第一步 查看企业基本资料和风险源资料。

环境事故风险源识别：

① 坏境事故风险源：三酸（硫酸、盐酸、硝酸）储罐区生产车间。

② 可能发生的事故类型：三酸泄漏，车间生产过程中由于设备损坏或操作不当引起的反应液泄漏。

③ 环境事故风险源敏感要素识别；公司有可能发生环境污染事故的污染事故的生产区域 500 米以内无居民，公司东侧是××电镀厂，南面为河道，西面为农田，北面为××路。

公司自建厂以来无环境突发事故发生情况。

第二步 确定企业需预防的事故类型及应采取的措施。

第三步 编制突发环境事故应急预案。

七、实训记录

本项目实训结果以电子版方式提交。

实训人员： 姓名： 班别： 学号：

实训地点： 实训日期：

实训结果：

附　录

附录一
中华人民共和国突发事件应对法

第一章　总　　则

第一条　为了预防和减少突发事件的发生，控制、减轻和消除突发事件引起的严重社会危害，规范突发事件应对活动，保护人民生命财产安全，维护国家安全、公共安全、环境安全和社会秩序，制定本法。

第二条　突发事件的预防与应急准备、监测与预警、应急处置与救援、事后恢复与重建等应对活动，适用本法。

第三条　本法所称突发事件，是指突然发生，造成或者可能造成严重社会危害，需要采取应急处置措施予以应对的自然灾害、事故灾难、公共卫生事件和社会安全事件。

按照社会危害程度、影响范围等因素，自然灾害、事故灾难、公共卫生事件分为特别重大、重大、较大和一般四级。法律、行政法规或者国务院另有规定的，从其规定。

突发事件的分级标准由国务院或者国务院确定的部门制定。

第四条　国家建立统一领导、综合协调、分类管理、分级负责、属地管理为主的应急管理体制。

第五条　突发事件应对工作实行预防为主、预防与应急相结合的原则。国家建立重大突发事件风险评估体系，对可能发生的突发事件进行综合性评估，减少重大突发事件的发生，最大限度地减轻重大突发事件的影响。

第六条 国家建立有效的社会动员机制，增强全民的公共安全和防范风险的意识，提高全社会的避险救助能力。

第七条 县级人民政府对本行政区域内突发事件的应对工作负责；涉及两个以上行政区域的，由有关行政区域共同的上一级人民政府负责，或者由各有关行政区域的上一级人民政府共同负责。

突发事件发生后，发生地县级人民政府应当立即采取措施控制事态发展，组织开展应急救援和处置工作，并立即向上一级人民政府报告，必要时可以越级上报。

突发事件发生地县级人民政府不能消除或者不能有效控制突发事件引起的严重社会危害的，应当及时向上级人民政府报告。上级人民政府应当及时采取措施，统一领导应急处置工作。

法律、行政法规规定由国务院有关部门对突发事件的应对工作负责的，从其规定；地方人民政府应当积极配合并提供必要的支持。

第八条 国务院在总理领导下研究、决定和部署特别重大突发事件的应对工作；根据实际需要，设立国家突发事件应急指挥机构，负责突发事件应对工作；必要时，国务院可以派出工作组指导有关工作。

县级以上地方各级人民政府设立由本级人民政府主要负责人、相关部门负责人、驻当地中国人民解放军和中国人民武装警察部队有关负责人组成的突发事件应急指挥机构，统一领导、协调本级人民政府各有关部门和下级人民政府开展突发事件应对工作；根据实际需要，设立相关类别突发事件应急指挥机构，组织、协调、指挥突发事件应对工作。

上级人民政府主管部门应当在各自职责范围内，指导、协助下级人民政府及其相应部门做好有关突发事件的应对工作。

第九条 国务院和县级以上地方各级人民政府是突发事件应对

工作的行政领导机关，其办事机构及具体职责由国务院规定。

第十条　有关人民政府及其部门作出的应对突发事件的决定、命令，应当及时公布。

第十一条　有关人民政府及其部门采取的应对突发事件的措施，应当与突发事件可能造成的社会危害的性质、程度和范围相适应；有多种措施可供选择的，应当选择有利于最大程度地保护公民、法人和其他组织权益的措施。

公民、法人和其他组织有义务参与突发事件应对工作。

第十二条　有关人民政府及其部门为应对突发事件，可以征用单位和个人的财产。被征用的财产在使用完毕或者突发事件应急处置工作结束后，应当及时返还。财产被征用或者征用后毁损、灭失的，应当给予补偿。

第十三条　因采取突发事件应对措施，诉讼、行政复议、仲裁活动不能正常进行的，适用有关时效中止和程序中止的规定，但法律另有规定的除外。

第十四条　中国人民解放军、中国人民武装警察部队和民兵组织依照本法和其他有关法律、行政法规、军事法规的规定以及国务院、中央军事委员会的命令，参加突发事件的应急救援和处置工作。

第十五条　中华人民共和国政府在突发事件的预防、监测与预警、应急处置与救援、事后恢复与重建等方面，同外国政府和有关国际组织开展合作与交流。

第十六条　县级以上人民政府作出应对突发事件的决定、命令，应当报本级人民代表大会常务委员会备案；突发事件应急处置工作结束后，应当向本级人民代表大会常务委员会作出专项工作报告。

第二章　预防与应急准备

第十七条　国家建立健全突发事件应急预案体系。

国务院制定国家突发事件总体应急预案，组织制定国家突发事件专项应急预案；国务院有关部门根据各自的职责和国务院相关应急预案，制定国家突发事件部门应急预案。

地方各级人民政府和县级以上地方各级人民政府有关部门根据有关法律、法规、规章、上级人民政府及其有关部门的应急预案以及本地区的实际情况，制定相应的突发事件应急预案。

应急预案制定机关应当根据实际需要和情势变化，适时修订应急预案。应急预案的制定、修订程序由国务院规定。

第十八条 应急预案应当根据本法和其他有关法律、法规的规定，针对突发事件的性质、特点和可能造成的社会危害，具体规定突发事件应急管理工作的组织指挥体系与职责和突发事件的预防与预警机制、处置程序、应急保障措施以及事后恢复与重建措施等内容。

第十九条 城乡规划应当符合预防、处置突发事件的需要，统筹安排应对突发事件所必需的设备和基础设施建设，合理确定应急避难场所。

第二十条 县级人民政府应当对本行政区域内容易引发自然灾害、事故灾难和公共卫生事件的危险源、危险区域进行调查、登记、风险评估，定期进行检查、监控，并责令有关单位采取安全防范措施。

省级和设区的市级人民政府应当对本行政区域内容易引发特别重大、重大突发事件的危险源、危险区域进行调查、登记、风险评估，组织进行检查、监控，并责令有关单位采取安全防范措施。

县级以上地方各级人民政府按照本法规定登记的危险源、危险区域，应当按照国家规定及时向社会公布。

第二十一条 县级人民政府及其有关部门、乡级人民政府、街道办事处、居民委员会、村民委员会应当及时调解处理可能引发社会安全事件的矛盾纠纷。

第二十二条 所有单位应当建立健全安全管理制度，定期检查本单位各项安全防范措施的落实情况，及时消除事故隐患；掌握并及时处理本单位存在的可能引发社会安全事件的问题，防止矛盾激化和事态扩大；对本单位可能发生的突发事件和采取安全防范措施的情况，应当按照规定及时向所在地人民政府或者人民政府有关部门报告。

第二十三条 矿山、建筑施工单位和易燃易爆物品、危险化学品、放射性物品等危险物品的生产、经营、储运、使用单位，应当制定具体应急预案，并对生产经营场所、有危险物品的建筑物、构筑物及周边环境开展隐患排查，及时采取措施消除隐患，防止发生突发事件。

第二十四条 公共交通工具、公共场所和其他人员密集场所的经营单位或者管理单位应当制定具体应急预案，为交通工具和有关场所配备报警装置和必要的应急救援设备、设施，注明其使用方法，并显著标明安全撤离的通道、路线，保证安全通道、出口的畅通。

有关单位应当定期检测、维护其报警装置和应急救援设备、设施，使其处于良好状态，确保正常使用。

第二十五条 县级以上人民政府应当建立健全突发事件应急管理培训制度，对人民政府及其有关部门负有处置突发事件职责的工作人员定期进行培训。

第二十六条 县级以上人民政府应当整合应急资源，建立或者确定综合性应急救援队伍。人民政府有关部门可以根据实际需要设立专业应急救援队伍。

县级以上人民政府及其有关部门可以建立由成年志愿者组成的应急救援队伍。单位应当建立由本单位职工组成的专职或者兼职应急救援队伍。

县级以上人民政府应当加强专业应急救援队伍与非专业应急救援队伍的合作，联合培训、联合演练，提高合成应急、协同应急的能力。

第二十七条 国务院有关部门、县级以上地方各级人民政府及其有关部门、有关单位应当为专业应急救援人员购买人身意外伤害保险，配备必要的防护装备和器材，减少应急救援人员的人身风险。

第二十八条　中国人民解放军、中国人民武装警察部队和民兵组织应当有计划地组织开展应急救援的专门训练。

第二十九条　县级人民政府及其有关部门、乡级人民政府、街道办事处应当组织开展应急知识的宣传普及活动和必要的应急演练。

居民委员会、村民委员会、企业事业单位应当根据所在地人民政府的要求，结合各自的实际情况，开展有关突发事件应急知识的宣传普及活动和必要的应急演练。

新闻媒体应当无偿开展突发事件预防与应急、自救与互救知识的公益宣传。

第三十条　各级各类学校应当把应急知识教育纳入教学内容，对学生进行应急知识教育，培养学生的安全意识和自救与互救能力。

教育主管部门应当对学校开展应急知识教育进行指导和监督。

第三十一条　国务院和县级以上地方各级人民政府应当采取财政措施，保障突发事件应对工作所需经费。

第三十二条　国家建立健全应急物资储备保障制度，完善重要应急物资的监管、生产、储备、调拨和紧急配送体系。

设区的市级以上人民政府和突发事件易发、多发地区的县级人民政府应当建立应急救援物资、生活必需品和应急处置装备的储备制度。

县级以上地方各级人民政府应当根据本地区的实际情况，与有关企业签订协议，保障应急救援物资、生活必需品和应急处置装备的生产、供给。

第三十三条　国家建立健全应急通信保障体系，完善公用通信网，建立有线与无线相结合、基础电信网络与机动通信系统相配套的应急通信系统，确保突发事件应对工作的通信畅通。

第三十四条　国家鼓励公民、法人和其他组织为人民政府应对突发事件工作提供物资、资金、技术支持和捐赠。

第三十五条　国家发展保险事业，建立国家财政支持的巨灾风险保险体系，并鼓励单位和公民参加保险。

第三十六条　国家鼓励、扶持具备相应条件的教学科研机构培养应急管理专门人才，鼓励、扶持教学科研机构和有关企业研究开发用于突发事件预防、监测、预警、应急处置与救援的新技术、新设备和新工具。

第三章　监测与预警

第三十七条　国务院建立全国统一的突发事件信息系统。

县级以上地方各级人民政府应当建立或者确定本地区统一的突发事件信息系统，汇集、储存、分析、传输有关突发事件的信息，并与上级人民政府及其有关部门、下级人民政府及其有关部门、专业机构和监测网点的突发事件信息系统实现互联互通，加强跨部门、跨地区的信息交流与情报合作。

第三十八条　县级以上人民政府及其有关部门、专业机构应当通过多种途径收集突发事件信息。

县级人民政府应当在居民委员会、村民委员会和有关单位建立专职或者兼职信息报告员制度。

获悉突发事件信息的公民、法人或者其他组织，应当立即向所在地人民政府、有关主管部门或者指定的专业机构报告。

第三十九条　地方各级人民政府应当按照国家有关规定向上级人民政府报送突发事件信息。县级以上人民政府有关主管部门应当向本级人民政府相关部门通报突发事件信息。专业机构、监测网点和信息报告员应当及时向所在地人民政府及其有关主管部门报告突发事件信息。

有关单位和人员报送、报告突发事件信息，应当做到及时、客观、真实，不得迟报、谎报、瞒报、漏报。

第四十条　县级以上地方各级人民政府应当及时汇总分析突发事件隐患和预警信息，必要时组织相关部门、专业技术人员、专家学者进行会商，对发生突发事件的可能性及其可能造成的影响进行评估；认为可能发生重大或者特别重大突发事件的，应当立即向上级人民政府报告，并向上级人民政府有关部门、当地驻军和可能受到危害的毗邻或者相关地区的人民政府通报。

第四十一条 国家建立健全突发事件监测制度。

县级以上人民政府及其有关部门应当根据自然灾害、事故灾难和公共卫生事件的种类和特点，建立健全基础信息数据库，完善监测网络，划分监测区域，确定监测点，明确监测项目，提供必要的设备、设施，配备专职或者兼职人员，对可能发生的突发事件进行监测。

第四十二条 国家建立健全突发事件预警制度。

可以预警的自然灾害、事故灾难和公共卫生事件的预警级别，按照突发事件发生的紧急程度、发展势态和可能造成的危害程度分为一级、二级、三级和四级，分别用红色、橙色、黄色和蓝色标示，一级为最高级别。

预警级别的划分标准由国务院或者国务院确定的部门制定。

第四十三条 可以预警的自然灾害、事故灾难或者公共卫生事件即将发生或者发生的可能性增大时，县级以上地方各级人民政府应当根据有关法律、行政法规和国务院规定的权限和程序，发布相应级别的警报，决定并宣布有关地区进入预警期，同时向上一级人民政府报告，必要时可以越级上报，并向当地驻军和可能受到危害的毗邻或者相关地区的人民政府通报。

第四十四条 发布三级、四级警报，宣布进入预警期后，县级以上地方各级人民政府应当根据即将发生的突发事件的特点和可能造成的危害，采取下列措施：

（一）启动应急预案；

（二）责令有关部门、专业机构、监测网点和负有特定职责的人员及时收集、报告有关信息，向社会公布反映突发事件信息的渠道，加强对突发事件发生、发展情况的监测、预报和预警工作；

（三）组织有关部门和机构、专业技术人员、有关专家学者，随时对突发事件信息进行分析评估，预测发生突发事件可能性的大小、影响范围和强度以及可能发生的突发事件的级别；

（四）定时向社会发布与公众有关的突发事件预测信息和分析评估结果，并对相关信息的报道工作进行管理；

（五）及时按照有关规定向社会发布可能受到突发事件危害的警告，宣传避免、减轻危害的常识，公布咨询电话。

第四十五条 发布一级、二级警报，宣布进入预警期后，县级以上地方各级人民政府除采取本法第四十四条规定的措施外，还应当针对即将发生的突发事件的特点和可能造成的危害，采取下列一项或者多项措施：

（一）责令应急救援队伍、负有特定职责的人员进入待命状态，并动员后备人员做好参加应急救援和处置工作的准备；

（二）调集应急救援所需物资、设备、工具，准备应急设施和避难场所，并确保其处于良好状态、随时可以投入正常使用；

（三）加强对重点单位、重要部位和重要基础设施的安全保卫，维护社会治安秩序；

（四）采取必要措施，确保交通、通信、供水、排水、供电、供气、供热等公共设施的安全和正常运行；

（五）及时向社会发布有关采取特定措施避免或者减轻危害的建议、劝告；

（六）转移、疏散或者撤离易受突发事件危害的人员并予以妥善安置，转移重要财产；

（七）关闭或者限制使用易受突发事件危害的场所，控制或者限制容易导致危害扩大的公共场所的活动；

（八）法律、法规、规章规定的其他必要的防范性、保护性措施。

第四十六条 对即将发生或者已经发生的社会安全事件，县级以上地方各级人民政府及其有关主管部门应当按照规定向上一级人民政府及其有关主管部门报告，必要时可以越级上报。

第四十七条 发布突发事件警报的人民政府应当根据事态的发展，按照有关规定适时调整预警级别并重新发布。

有事实证明不可能发生突发事件或者危险已经解除的，发布警报的人民政府应当立即宣布解除警报，终止预警期，并解除已经采取的有关措施。

第四章 应急处置与救援

第四十八条 突发事件发生后，履行统一领导职责或者组织处置突发事件的人民政府应当针对其性质、特点和危害程度，立即组织有关部门，调动应急救援队伍和社会力量，依照本章的规定和有关法律、法规、规章的规定采取应急处置措施。

第四十九条 自然灾害、事故灾难或者公共卫生事件发生后，履行统一领导职责的人民政府可以采取下列一项或者多项应急处置措施：

（一）组织营救和救治受害人员，疏散、撤离并妥善安置受到威胁的人员以及采取其他救助措施；

（二）迅速控制危险源，标明危险区域，封锁危险场所，划定警戒区，实行交通管制以及其他控制措施；

（三）立即抢修被损坏的交通、通信、供水、排水、供电、供气、供热等公共设施，向受到危害的人员提供避难场所和生活必需品，实施医疗救护和卫生防疫以及其他保障措施；

（四）禁止或者限制使用有关设备、设施，关闭或者限制使用有关场所，中止人员密集的活动或者可能导致危害扩大的生产经营活动以及采取其他保护措施；

（五）启用本级人民政府设置的财政预备费和储备的应急救援物资，必要时调用其他急需物资、设备、设施、工具；

（六）组织公民参加应急救援和处置工作，要求具有特定专长的人员提供服务；

（七）保障食品、饮用水、燃料等基本生活必需品的供应；

（八）依法从严惩处囤积居奇、哄抬物价、制假售假等扰乱市场秩序的行为，稳定市场价格，维护市场秩序；

（九）依法从严惩处哄抢财物、干扰破坏应急处置工作等扰乱社会秩序的行为，维护社会治安；

（十）采取防止发生次生、衍生事件的必要措施。

第五十条 社会安全事件发生后，组织处置工作的人民政府应当立即组织有关部门并由公安机关针对事件的性质和特点，依照有关法律、行政法规和国家其他有关规定，采取下列一项或者多项应急处置措施：

（一）强制隔离使用器械相互对抗或者以暴力行为参与冲突的当事人，妥善解决现场纠纷和争端，控制事态发展；

（二）对特定区域内的建筑物、交通工具、设备、设施以及燃料、燃气、电力、水的供应进行控制；

（三）封锁有关场所、道路，查验现场人员的身份证件，限制有关公共场所内的活动；

（四）加强对易受冲击的核心机关和单位的警卫，在国家机关、军事机关、国家通讯社、广播电台、电视台、外国驻华使领馆等单位附近设置临时警戒线；

（五）法律、行政法规和国务院规定的其他必要措施。

严重危害社会治安秩序的事件发生时，公安机关应当立即依法出动警力，根据现场情况依法采取相应的强制性措施，尽快使社会秩序恢复正常。

第五十一条 发生突发事件，严重影响国民经济正常运行时，国务院或者国务院授权的有关主管部门可以采取保障、控制等必要的应急措施，保障人民群众的基本生活需要，最大限度地减轻突发事件的影响。

第五十二条 履行统一领导职责或者组织处置突发事件的人民政府，必要时可以向单位和个人征用应急救援所需设备、设施、场地、交通工具和其他物资，请求其他地方人民政府提供人力、物力、财力或者技术支援，要求生产、供应生活必需品和应急救援物资的企业组织生产、保证供给，要求提供医疗、交通等公共服务的组织提供相应的服务。

履行统一领导职责或者组织处置突发事件的人民政府，应当组织协调运输经营单位，优先运送处置突发事件所需物资、设备、工具、应急救援人员和受到突发事件危害的人员。

第五十三条 履行统一领导职责或者组织处置突发事件的人民政府，应当按照有关规定统一、准确、及时发布有关突发事件事态发展和应急处置工作的信息。

第五十四条 任何单位和个人不得编造、传播有关突发事件事态发展或者应急处置工作的虚假信息。

第五十五条 突发事件发生地的居民委员会、村民委员会和其他组织应当按照当地人民政府的决定、命令，进行宣传动员，组织群众开展自救和互救，协助维护社会秩序。

第五十六条 受到自然灾害危害或者发生事故灾难、公共卫生事件的单位，应当立即组织本单位应急救援队伍和工作人员营救受害人员，疏散、撤离、安置受到威胁的人员，控制危险源，标明危险区域，封锁危险场所，并采取其他防止危害扩大的必要措施，同时向所在地县级人民政府报告；对因本单位的问题引发的或者主体是本单位人员的社会安全事件，有关单位应当按照规定上报情况，并迅速派出负责人赶赴现场开展劝解、疏导工作。

突发事件发生地的其他单位应当服从人民政府发布的决定、命令，配合人民政府采取的应急处置措施，做好本单位的应急救援工作，并积极组织人员参加所在地的应急救援和处置工作。

第五十七条 突发事件发生地的公民应当服从人民政府、居民委员会、村民委员会或者所属单位的指挥和安排，配合人民政府采取应急处置措施，积极参加应急救援工作，协助维护社会秩序。

第五章 事后恢复与重建

第五十八条 突发事件的威胁和危害得到控制或者消除后，履行统一领导职责或者组织处置突发事件的人民政府应当停止执行依照本法规定采取的应急处置措施，同时采取或者继续实施必要措施，防止发生自然灾害、事故灾难、公共卫生事件的次生、衍生事件或者重新引发社会安全事件。

第五十九条　突发事件应急处置工作结束后，履行统一领导职责的人民政府应当立即组织对突发事件造成的损失进行评估，组织受影响地区尽快恢复生产、生活、工作和社会秩序，制定恢复重建计划，并向上一级人民政府报告。

受突发事件影响地区的人民政府应当及时组织和协调公安、交通、铁路、民航、邮电、建设等有关部门恢复社会治安秩序，尽快修复被损坏的交通、通信、供水、排水、供电、供气、供热等公共设施。

第六十条　受突发事件影响地区的人民政府开展恢复重建工作需要上一级人民政府支持的，可以向上一级人民政府提出请求。上一级人民政府应当根据受影响地区遭受的损失和实际情况，提供资金、物资支持和技术指导，组织其他地区提供资金、物资和人力支援。

第六十一条　国务院根据受突发事件影响地区遭受损失的情况，制定扶持该地区有关行业发展的优惠政策。

受突发事件影响地区的人民政府应当根据本地区遭受损失的情况，制定救助、补偿、抚慰、抚恤、安置等善后工作计划并组织实施，妥善解决因处置突发事件引发的矛盾和纠纷。

公民参加应急救援工作或者协助维护社会秩序期间，其在本单位的工资待遇和福利不变；表现突出、成绩显著的，由县级以上人民政府给予表彰或者奖励。

县级以上人民政府对在应急救援工作中伤亡的人员依法给予抚恤。

第六十二条　履行统一领导职责的人民政府应当及时查明突发事件的发生经过和原因，总结突发事件应急处置工作的经验教训，制定改进措施，并向上一级人民政府提出报告。

第六章　法　律　责　任

第六十三条　地方各级人民政府和县级以上各级人民政府有关部门违反本法规定，不履行法定职责的，由其上级行政机关或者监察机关责令改正；有下列情形之一的，根据情节对直接负责的主管人员和其他直接责任人员依法给予处分：

（一）未按规定采取预防措施，导致发生突发事件，或者未采取必要的防范措施，导致发生次生、衍生事件的；

（二）迟报、谎报、瞒报、漏报有关突发事件的信息，或者通报、报送、公布虚假信息，造成后果的；

（三）未按规定及时发布突发事件警报、采取预警期的措施，导致损害发生的；

（四）未按规定及时采取措施处置突发事件或者处置不当，造成后果的；

（五）不服从上级人民政府对突发事件应急处置工作的统一领导、指挥和协调的；

（六）未及时组织开展生产自救、恢复重建等善后工作的；

（七）截留、挪用、私分或者变相私分应急救援资金、物资的；

（八）不及时归还征用的单位和个人的财产，或者对被征用财产的单位和个人不按规定给予补偿的。

第六十四条　有关单位有下列情形之一的，由所在地履行统一领导职责的人民政府责令停产停业，暂扣或者吊销许可证或者营业执照，并处五万元以上二十万元以下的罚款；构成违反治安管理行为的，由公安机关依法给予处罚：

（一）未按规定采取预防措施，导致发生严重突发事件的；

（二）未及时消除已发现的可能引发突发事件的隐患，导致发生严重突发事件的；

（三）未做好应急设备、设施日常维护、检测工作，导致发生严重突发事件或者突发事件危害扩大的；

（四）突发事件发生后，不及时组织开展应急救援工作，造成严重后果的。

前款规定的行为，其他法律、行政法规规定由人民政府有关部门依法决定处罚的，从其规定。

第六十五条　违反本法规定，编造并传播有关突发事件事态发展或者应急处置工作的虚假信息，或者明知是有关突发事件事态发展或者应急处置工作的虚假信息而进行传播的，责令改正，给予警告；造成严重后果的，依法暂停其业务活动或者吊销其执业许可证；负有直接责任的人员是国家工作人员的，还应当对其依法给予处分；构成违反治安管理行为的，由公安机关依法给予处罚。

第六十六条　单位或者个人违反本法规定，不服从所在地人民政府及其有关部门发布的决定、命令或者不配合其依法采取的措施，构成违反治安管理行为的，由公安机关依法给予处罚。

第六十七条　单位或者个人违反本法规定，导致突发事件发生或者危害扩大，给他人人身、财产造成损害的，应当依法承担民事责任。

第六十八条　违反本法规定，构成犯罪的，依法追究刑事责任。

第七章　附　则

第六十九条　发生特别重大突发事件，对人民生命财产安全、国家安全、公共安全、环境安全或者社会秩序构成重大威胁，采取本法和其他有关法律、法规、规章规定的应急处置措施不能消除或者有效控制、减轻其严重社会危害，需要进入紧急状态的，由全国人民代表大会常务委员会或者国务院依照宪法和其他有关法律规定的权限和程序决定。

紧急状态期间采取的非常措施，依照有关法律规定执行或者由全国人民代表大会常务委员会另行规定。

第七十条　本法自 2007 年 11 月 1 日起施行。

附录二
国家突发环境事件应急预案

1　总则

1.1　编制目的

健全突发环境事件应对工作机制，科学有序高效应对突发环境事件，保障人民群众生命财产安全和环境安全，促进社会全面、协调、可持续发展。

1.2 编制依据

依据《中华人民共和国环境保护法》《中华人民共和国突发事件应对法》《中华人民共和国放射性污染防治法》《国家突发公共事件总体应急预案》及相关法律法规等，制定本预案。

1.3 适用范围

本预案适用于我国境内突发环境事件应对工作。

突发环境事件是指由于污染物排放或自然灾害、生产安全事故等因素，导致污染物或放射性物质等有毒有害物质进入大气、水体、土壤等环境介质，突然造成或可能造成环境质量下降，危及公众身体健康和财产安全，或造成生态环境破坏，或造成重大社会影响，需要采取紧急措施予以应对的事件，主要包括大气污染、水体污染、土壤污染等突发性环境污染事件和辐射污染事件。

核设施及有关核活动发生的核事故所造成的辐射污染事件、海上溢油事件、船舶污染事件的应对工作按照其他相关应急预案规定执行。重污染天气应对工作按照国务院《大气污染防治行动计划》等有关规定执行。

1.4 工作原则

突发环境事件应对工作坚持统一领导、分级负责，属地为主、协调联动，快速反应、科学处置，资源共享、保障有力的原则。突发环境事件发生后，地方人民政府和有关部门立即自动按照职责分工和相关预案开展应急处置工作。

1.5 事件分级

按照事件严重程度，突发环境事件分为特别重大、重大、较大和一般四级。突发环境事件分级标准见附件1。

2 组织指挥体系

2.1 国家层面组织指挥机构

环境保护部负责重特大突发环境事件应对的指导协调和环境应

急的日常监督管理工作。根据突发环境事件的发展态势及影响，环境保护部或省级人民政府可报请国务院批准，或根据国务院领导同志指示，成立国务院工作组，负责指导、协调、督促有关地区和部门开展突发环境事件应对工作。必要时，成立国家环境应急指挥部，由国务院领导同志担任总指挥，统一领导、组织和指挥应急处置工作；国务院办公厅履行信息汇总和综合协调职责，发挥运转枢纽作用。国家环境应急指挥部组成及工作组职责见附件2。

2.2 地方层面组织指挥机构

县级以上地方人民政府负责本行政区域内的突发环境事件应对工作，明确相应组织指挥机构。跨行政区域的突发环境事件应对工作，由各有关行政区域人民政府共同负责，或由有关行政区域共同的上一级地方人民政府负责。对需要国家层面协调处置的跨省级行政区域突发环境事件，由有关省级人民政府向国务院提出请求，或由有关省级环境保护主管部门向环境保护部提出请求。

地方有关部门按照职责分工，密切配合，共同做好突发环境事件应对工作。

2.3 现场指挥机构

负责突发环境事件应急处置的人民政府根据需要成立现场指挥部，负责现场组织指挥工作。参与现场处置的有关单位和人员要服从现场指挥部的统一指挥。

3 监测预警和信息报告

3.1 监测和风险分析

各级环境保护主管部门及其他有关部门要加强日常环境监测，并对可能导致突发环境事件的风险信息加强收集、分析和研判。安全监管、交通运输、公安、住房城乡建设、水利、农业、卫生计生、气象等有关部门按照职责分工，应当及时将可能导致突发环境事件的信息通报同级环境保护主管部门。

企业事业单位和其他生产经营者应当落实环境安全主体责任，定期排查环境安全隐患，开展环境风险评估，健全风险防控措施。

当出现可能导致突发环境事件的情况时，要立即报告当地环境保护主管部门。

3.2 预警

3.2.1 预警分级

对可以预警的突发环境事件，按照事件发生的可能性大小、紧急程度和可能造成的危害程度，将预警分为四级，由低到高依次用蓝色、黄色、橙色和红色表示。

预警级别的具体划分标准，由环境保护部制定。

3.2.2 预警信息发布

地方环境保护主管部门研判可能发生突发环境事件时，应当及时向本级人民政府提出预警信息发布建议，同时通报同级相关部门和单位。地方人民政府或其授权的相关部门，及时通过电视、广播、报纸、互联网、手机短信、当面告知等渠道或方式向本行政区域公众发布预警信息，并通报可能影响到的相关地区。

上级环境保护主管部门要将监测到的可能导致突发环境事件的有关信息，及时通报可能受影响地区的下一级环境保护主管部门。

3.2.3 预警行动

预警信息发布后，当地人民政府及其有关部门视情采取以下措施：

（1）分析研判。组织有关部门和机构、专业技术人员及专家，及时对预警信息进行分析研判，预估可能的影响范围和危害程度。

（2）防范处置。迅速采取有效处置措施，控制事件苗头。在涉险区域设置注意事项提示或事件危害警告标志，利用各种渠道增加宣传频次，告知公众避险和减轻危害的常识、需采取的必要的健康防护措施。

（3）应急准备。提前疏散、转移可能受到危害的人员，并进行妥善安置。责令应急救援队伍、负有特定职责的人员进入待命状态，动员后备人员做好参加应急救援和处置工作的准备，并调集应急所需物资和设备，做好应急保障工作。对可能导致突发环境事件发生的相关企业事业单位和其他生产经营者加强环境监管。

（4）舆论引导。及时准确发布事态最新情况，公布咨询电话，组织专家解读。加强相关舆情监测，做好舆论引导工作。

3.2.4 预警级别调整和解除

发布突发环境事件预警信息的地方人民政府或有关部门，应当根据事态发展情况和采取措施的效果适时调整预警级别；当判断不可能发生突发环境事件或者危险已经消除时，宣布解除预警，适时终止相关措施。

3.3 信息报告与通报

突发环境事件发生后，涉事企业事业单位或其他生产经营者必须采取应对措施，并立即向当地环境保护主管部门和相关部门报告，同时通报可能受到污染危害的单位和居民。因生产安全事故导致突发环境事件的，安全监管等有关部门应当及时通报同级环境保护主管部门。环境保护主管部门通过互联网信息监测、环境污染举报热线等多种渠道，加强对突发环境事件的信息收集，及时掌握突发环境事件发生情况。

事发地环境保护主管部门接到突发环境事件信息报告或监测到相关信息后，应当立即进行核实，对突发环境事件的性质和类别作出初步认定，按照国家规定的时限、程序和要求向上级环境保护主管部门和同级人民政府报告，并通报同级其他相关部门。突发环境事件已经或者可能涉及相邻行政区域的，事发地人民政府或环境保护主管部门应当及时通报相邻行政区域同级人民政府或环境保护主管部门。地方各级人民政府及其环境保护主管部门应当按照有关规定逐级上报，必要时可越级上报。

接到已经发生或者可能发生跨省级行政区域突发环境事件信息时，环境保护部要及时通报相关省级环境保护主管部门。

对以下突发环境事件信息，省级人民政府和环境保护部应当立即向国务院报告：

（1）初判为特别重大或重大突发环境事件；

（2）可能或已引发大规模群体性事件的突发环境事件；

（3）可能造成国际影响的境内突发环境事件；

（4）境外因素导致或可能导致我境内突发环境事件；

（5）省级人民政府和环境保护部认为有必要报告的其他突发环境事件。

4 应急响应

4.1 响应分级

根据突发环境事件的严重程度和发展态势，将应急响应设定为Ⅰ级、Ⅱ级、Ⅲ级和Ⅳ级四个等级。初判发生特别重大、重大突发环境事件，分别启动Ⅰ级、Ⅱ级应急响应，由事发地省级人民政府负责应对工作；初判发生较大突发环境事件，启动Ⅲ级应急响应，由事发地设区的市级人民政府负责应对工作；初判发生一般突发环境事件，启动Ⅳ级应急响应，由事发地县级人民政府负责应对工作。

突发环境事件发生在易造成重大影响的地区或重要时段时，可适当提高响应级别。应急响应启动后，可视事件损失情况及其发展趋势调整响应级别，避免响应不足或响应过度。

4.2 响应措施

突发环境事件发生后，各有关地方、部门和单位根据工作需要，组织采取以下措施。

4.2.1 现场污染处置

涉事企业事业单位或其他生产经营者要立即采取关闭、停产、封堵、围挡、喷淋、转移等措施，切断和控制污染源，防止污染蔓延扩散。做好有毒有害物质和消防废水、废液等的收集、清理和安全处置工作。当涉事企业事业单位或其他生产经营者不明时，由当地环境保护主管部门组织对污染来源开展调查，查明涉事单位，确定污染物种类和污染范围，切断污染源。

事发地人民政府应组织制订综合治污方案，采用监测和模拟等手段追踪污染气体扩散途径和范围；采取拦截、导流、疏浚等形式防止水体污染扩大；采取隔离、吸附、打捞、氧化还原、中和、沉淀、消毒、去污洗消、临时收贮、微生物消解、调水稀释、转移异地处置、临时改造污染处置工艺或临时建设污染处置工程等方法处置污染物。必要时，要求其他排污单位停产、限产、限排，减轻环境污染负荷。

4.2.2 转移安置人员

根据突发环境事件影响及事发当地的气象、地理环境、人员密集度等，建立现场警戒区、交通管制区域和重点防护区域，确定受威胁人员疏散的方式和途径，有组织、有秩序地及时疏散转移受威胁人员和可能受影响地区居民，确保生命安全。妥善做好转移人员安置工作，确保有饭吃、有水喝、有衣穿、有住处和必要医疗条件。

4.2.3 医学救援

迅速组织当地医疗资源和力量，对伤病员进行诊断治疗，根据需要及时、安全地将重症伤病员转运到有条件的医疗机构加强救治。指导和协助开展受污染人员的去污洗消工作，提出保护公众健康的措施建议。视情增派医疗卫生专家和卫生应急队伍、调配急需医药物资，支持事发地医学救援工作。做好受影响人员的心理援助。

4.2.4 应急监测

加强大气、水体、土壤等应急监测工作，根据突发环境事件的污染物种类、性质以及当地自然、社会环境状况等，明确相应的应急监测方案及监测方法，确定监测的布点和频次，调配应急监测设备、车辆，及时准确监测，为突发环境事件应急决策提供依据。

4.2.5 市场监管和调控

密切关注受事件影响地区市场供应情况及公众反应，加强对重要生活必需品等商品的市场监管和调控。禁止或限制受污染食品和饮用水的生产、加工、流通和食用，防范因突发环境事件造成的集体中毒等。

4.2.6 信息发布和舆论引导

通过政府授权发布、发新闻稿、接受记者采访、举行新闻发布会、组织专家解读等方式，借助电视、广播、报纸、互联网等多种途径，主动、及时、准确、客观向社会发布突发环境事件和应对工作信息，回应社会关切，澄清不实信息，正确引导社会舆论。信息发布内容包括事件原因、污染程度、影响范围、应对措施、需要公众配合采取的措施、公众防范常识和事件调查处理进展情况等。

4.2.7 维护社会稳定

加强受影响地区社会治安管理，严厉打击借机传播谣言制造社会恐慌、哄抢救灾物资等违法犯罪行为；加强转移人员安置点、救灾物资存放点等重点地区治安管控；做好受影响人员与涉事单位、地方人民政府及有关部门矛盾纠纷化解和法律服务工作，防止出现群体性事件，维护社会稳定。

4.2.8 国际通报和援助

如需向国际社会通报或请求国际援助时，环境保护部商外交部、商务部提出需要通报或请求援助的国家（地区）和国际组织、事项内容、时机等，按照有关规定由指定机构向国际社会发出通报或呼吁信息。

4.3 国家层面应对工作

4.3.1 部门工作组应对

初判发生重大以上突发环境事件或事件情况特殊时，环境保护部立即派出工作组赴现场指导督促当地开展应急处置、应急监测、原因调查等工作，并根据需要协调有关方面提供队伍、物资、技术等支持。

4.3.2 国务院工作组应对

当需要国务院协调处置时，成立国务院工作组。主要开展以下工作：

（1）了解事件情况、影响、应急处置进展及当地需求等；

（2）指导地方制订应急处置方案；

（3）根据地方请求，组织协调相关应急队伍、物资、装备等，为应急处置提供支援和技术支持；

（4）对跨省级行政区域突发环境事件应对工作进行协调；

（5）指导开展事件原因调查及损害评估工作。

4.3.3　国家环境应急指挥部应对

根据事件应对工作需要和国务院决策部署，成立国家环境应急指挥部。主要开展以下工作：

（1）组织指挥部成员单位、专家组进行会商，研究分析事态，部署应急处置工作；

（2）根据需要赴事发现场或派出前方工作组赴事发现场协调开展应对工作；

（3）研究决定地方人民政府和有关部门提出的请求事项；

（4）统一组织信息发布和舆论引导；

（5）视情向国际通报，必要时与相关国家和地区、国际组织领导人通电话；

（6）组织开展事件调查。

4.4　响应终止

当事件条件已经排除、污染物质已降至规定限值以内、所造成的危害基本消除时，由启动响应的人民政府终止应急响应。

5　后期工作

5.1　损害评估

突发环境事件应急响应终止后，要及时组织开展污染损害评估，并将评估结果向社会公布。评估结论作为事件调查处理、损害赔偿、环境修复和生态恢复重建的依据。

突发环境事件损害评估办法由环境保护部制定。

5.2　事件调查

突发环境事件发生后，根据有关规定，由环境保护主管部门牵头，可会同监察机关及相关部门，组织开展事件调查，查明事件原因和性质，提出整改防范措施和处理建议。

5.3　善后处置

事发地人民政府要及时组织制订补助、补偿、抚慰、抚恤、安置和环境恢复等善后工作方案并组织实施。保险机构要及时开展相关理赔工作。

6 应急保障

6.1 队伍保障

国家环境应急监测队伍、公安消防部队、大型国有骨干企业应急救援队伍及其他相关方面应急救援队伍等力量，要积极参加突发环境事件应急监测、应急处置与救援、调查处理等工作任务。发挥国家环境应急专家组作用，为重特大突发环境事件应急处置方案制订、污染损害评估和调查处理工作提供决策建议。县级以上地方人民政府要强化环境应急救援队伍能力建设，加强环境应急专家队伍管理，提高突发环境事件快速响应及应急处置能力。

6.2 物资与资金保障

国务院有关部门按照职责分工，组织做好环境应急救援物资紧急生产、储备调拨和紧急配送工作，保障支援突发环境事件应急处置和环境恢复治理工作的需要。县级以上地方人民政府及其有关部门要加强应急物资储备，鼓励支持社会化应急物资储备，保障应急物资、生活必需品的生产和供给。环境保护主管部门要加强对当地环境应急物资储备信息的动态管理。

突发环境事件应急处置所需经费首先由事件责任单位承担。县级以上地方人民政府对突发环境事件应急处置工作提供资金保障。

6.3 通信、交通与运输保障

地方各级人民政府及其通信主管部门要建立健全突发环境事件应急通信保障体系，确保应急期间通信联络和信息传递需要。交通运输部门要健全公路、铁路、航空、水运紧急运输保障体系，保障应急响应所需人员、物资、装备、器材等的运输。公安部门要加强应急交通管理，保障运送伤病员、应急救援人员、物资、装备、器材车辆的优先通行。

6.4 技术保障

支持突发环境事件应急处置和监测先进技术、装备的研发。依托环境应急指挥技术平台，实现信息综合集成、分析处理、污染损害评估的智能化和数字化。

7 附则

7.1 预案管理

预案实施后,环境保护部要会同有关部门组织预案宣传、培训和演练,并根据实际情况,适时组织评估和修订。地方各级人民政府要结合当地实际制定或修订突发环境事件应急预案。

7.2 预案解释

本预案由环境保护部负责解释。

7.3 预案实施时间

本预案自印发之日起实施。

附件: 1. 突发环境事件分级标准

2. 国家环境应急指挥部组成及工作组职责

附件1 突发环境事件分级标准

一、特别重大突发环境事件

凡符合下列情形之一的,为特别重大突发环境事件。

1. 因环境污染直接导致 30 人以上死亡或 100 人以上中毒或重伤的;

2. 因环境污染疏散、转移人员 5 万人以上的;

3. 因环境污染造成直接经济损失 1 亿元以上的;

4. 因环境污染造成区域生态功能丧失或该区域国家重点保护物种灭绝的;

5. 因环境污染造成设区的市级以上城市集中式饮用水水源地取水中断的;

6. Ⅰ、Ⅱ类放射源丢失、被盗、失控并造成大范围严重辐射污染后果的;放射性同位素和射线装置失控导致 3 人以上急性死亡的;放射性物质泄漏,造成大范围辐射污染后果的;

7. 造成重大跨国境影响的境内突发环境事件。

二、重大突发环境事件

凡符合下列情形之一的,为重大突发环境事件:

1. 因环境污染直接导致 10 人以上 30 人以下死亡或 50 人以上

100 人以下中毒或重伤的；

2. 因环境污染疏散、转移人员 1 万人以上 5 万人以下的；

3. 因环境污染造成直接经济损失 2000 万元以上 1 亿元以下的；

4. 因环境污染造成区域生态功能部分丧失或该区域国家重点保护野生动植物种群大批死亡的；

5. 因环境污染造成县级城市集中式饮用水水源地取水中断的；

6. Ⅰ、Ⅱ类放射源丢失、被盗的；放射性同位素和射线装置失控导致 3 人以下急性死亡或者 10 人以上急性重度放射病、局部器官残疾的；放射性物质泄漏，造成较大范围辐射污染后果的；

7. 造成跨省级行政区域影响的突发环境事件。

三、较大突发环境事件

凡符合下列情形之一的，为较大突发环境事件：

1. 因环境污染直接导致 3 人以上 10 人以下死亡或 10 人以上 50 人以下中毒或重伤的；

2. 因环境污染疏散、转移人员 5000 人以上 1 万人以下的；

3. 因环境污染造成直接经济损失 500 万元以上 2000 万元以下的；

4. 因环境污染造成国家重点保护的动植物物种受到破坏的；

5. 因环境污染造成乡镇集中式饮用水水源地取水中断的；

6. Ⅲ类放射源丢失、被盗的；放射性同位素和射线装置失控导致 10 人以下急性重度放射病、局部器官残疾的；放射性物质泄漏，造成小范围辐射污染后果的；

7. 造成跨设区的市级行政区域影响的突发环境事件。

四、一般突发环境事件

凡符合下列情形之一的，为一般突发环境事件：

1. 因环境污染直接导致 3 人以下死亡或 10 人以下中毒或重伤的；

2. 因环境污染疏散、转移人员 5000 人以下的；

3. 因环境污染造成直接经济损失 500 万元以下的；

4. 因环境污染造成跨县级行政区域纠纷，引起一般性群体影响的；

5. Ⅳ、Ⅴ类放射源丢失、被盗的；放射性同位素和射线装置失控导致人员受到超过年剂量限值的照射的；放射性物质泄漏，造成厂区内或设施内局部辐射污染后果的；铀矿冶、伴生矿超标排放，造成环境辐射污染后果的；

6. 对环境造成一定影响，尚未达到较大突发环境事件级别的。

上述分级标准有关数量的表述中，"以上"含本数，"以下"不含本数。

附件2　国家环境应急指挥部组成及工作组职责（略，参见本书第二章）

参 考 文 献

[1] 王起全，叶周景．事故应急与救援导论［M］．上海：上海交通大学出版社，2015．

[2] 环境保护部环境应急指挥领导小组办公室．突发环境事件应急管理制度学习读本［M］．北京：中国环境出版社，2015．

[3] 何长顺等．突发性环境污染事故应急处置手册［M］．北京：中国环境科学出版社，2011．

[4] 曾维华，宋永会，姚新等．多尺度突发环境污染事故风险区划［M］．北京：科学出版社，2013．

[5] 郭振仁，张剑鸣，李文禧等．突发性环境污染事故防范与应急［M］．北京：中国环境科学出版社，2006．

[6] 陈静，华娟，常卫民等．环境应急管理理论与实践［M］．南京：东南大学出版社，2011．

[7] 齐文启，孙宗光，汪志国．环境污染事故应急预案与处理处置案例［M］．北京：中国环境科学出版社，2007．

[8] 奚旦立，陈季华．突发性污染事件应急处置工程［M］．北京：化学工业出版社，2009．

[9] 寇文，赵文喜．环境污染事故典型案例剖析与环境应急管理对策［M］．北京：中国环境出版社，2013．

[10] 邢娟娟．企业事故应急救援与预案编制技术［M］．北京：气象出版社，2008．

[11] 孙超，佟瑞鹏．企业环境污染事故应急工作手册［M］．北京：中国劳动社会保障出版社，2008．

[12] 吕小明．环境污染事件应急处理技术［M］．北京：中国环境科学出版社，2012．

[13] 环境保护部环境应急指挥领导小组办公室．环境应急管理概论［M］．北京：中国环境科学出版社，2011．

[14] 黄小武．环境应急管理［M］．武汉：中国地质大学出版社，2011．

[15] 李国刚．突发性环境污染事故应急监测案例［M］．北京：中国环境出版社，2010．

[16] 翁燕波，付强，傅晓钦等．环境应急监测技术与管理［M］．北京：化学工业出版社，2014．